KB209315

감수자
·········

이와타 슈젠

祝田 秀全

대학에서 역사학을 전공한 세계사 연구자다. 도쿄외국어대학 아시아·아프리카 언어문화 연구소 연구원을 거쳐 세이신 여자대학 문학부 강사를 역임했다. 어린이나 대학생, 직장인 독자 대상으로 세계사를 쉽게 쓴 저서가 많다.

국내에 번역 출간된 도서로는 《중세 유럽 세계관 사전》, 《52개 주제로 읽는 로마인 이야기》, 《세계사, 뭔데 이렇게 재밌어?》, 《지도로 읽는 땅따먹기 세계사》, 《배신과 음모의 세계사》, 《세계사의 달인이 되는 책》이 있다. 이외에도 《은의 세계사》, 《도쿄대생이 익혀야 할 교양으로서의 세계사》, 《2시간 만에 복습하는 세계사》 등이 있다.

世界の歴史366

© Shufunotomo Co., Ltd. 2021

Originally published in Japan by Shufunotomo Co., Ltd.

Korean translation copyright ©2025 by E*public

Translation rights arranged with Shufunotomo Co., Ltd.

Through BC Agency

이 책의 한국어판 저작권은 BC에이전시를 통해 저작권자와 독점계약을 맺은 ㈜이퍼블릭에 있습니다.

저작권법에 의해 한국 내에서 보호를 받는 저작물이므로 무단전재와 복제를 금합니다.

옮긴이
....

허영은

홍익대학교에서 미술사학을 전공하고 미술관과 박물관에서 학예연구사로 일했다. 현재는 바른번역 소속 번역가로 활동하며 출판 기획과 번역에 힘쓰고 있다. 옮긴 책으로는《초등학생도 이해할 수 있는 세계사》,《내 몸과 마음을 지키는 성교육 수업》,《고마워! 세상을 바꾼 신기한 생물들》,《동글동글 귀여운 고생물 도감》,《하루 한 장 초등과학 365》 등이 있다.

참고문헌
·············

『ゼロからやりなおし！ 世界史見るだけノート』祝田秀全 監修（宝島社）

『カレンダー世界史　一日一史話』柴田三千雄（岩波ジュニア新書）

『365日でわかる世界史 世界200カ国の歴史を「読む事典」』八幡和郎（清談社）

『世界の歴史 人物事典』

東京女子大学名誉教授 鈴木恒之 監修、岩田一彦 構成・文（集英社）

『ミニ世界史 日付が語るこの100年』荒井信一（社会思想社）

『一度読んだら絶対に忘れない 世界史の教科書』山﨑圭一（SBクリエイティブ株式会社）

『情報の歴史 象形文字から人工知能まで』松岡正剛 監修、編集工学研究所 構成（NTT出版）

『今日は何の日？ 366 偉人の誕生日から世界の歴史、記念日まで』（PHP研究所）

『生きる力を育てる新時代の伝記 世界を変えた人たち365』白百合女子大学教授 田島信元 監修（永岡書店）

『日本と世界の365日なんでも大事典』こよみ研究会 編（ポプラ社）

『きょうはなんの記念日？ 366日じてん』平野恵理子（偕成社）

『ビジュアル1001の出来事でわかる世界史』（日経ナショナルジオグラフィック社）

· 이 책을 효과적으로 읽는 방법 ·

세계사에서 과거의 '오늘' 일어난 일을 한 컷 만화를 통해 알기 쉽게 소개했어요.
1월부터 12월까지의 역사를 즐겁게 배워 봐요!

• 나라
사건이 발생한 곳의 대략적인 위치를 지도에 나타냈어요. 나라 이름은 정식 명칭이 아니라 평소 많이 불리는 이름을 적었어요.

• 있음/없음
지금도 해당 나라가 실제로 존재하는지, 나라가 없어지거나 혹은 나라 이름이나 지도자가 바뀐 사실을 알려줘요.

* '나라가 사라질 수도 있다니?' 하고 놀란 친구도 있을 거예요. 전쟁 등으로 나라가 사라지는 경우도 있어요. 예를 들면 소비에트 연방(소련)은 세계에서 손꼽힐 만큼 큰 나라였지만, 1991년에 무너지고 말았어요.

• 제목
과거의 '오늘'은 무슨 일이 일어났는지 미리 파악할 수 있도록 간략하게 소개했어요.

• 한 컷 만화
이날 일어난 일을 그림으로 그렸어요. 보충 설명도 있어서 지식이 넓어진답니다.

• 단어 설명
설명이 필요한 단어들은 따로 그 단어가 어떤 의미인지 적었어요. 간략한 설명은 본문에 괄호로 넣었어요.

• 퀴즈
페이지 내용과 관련한 인물이나 사건에 대한 퀴즈를 준비했어요. 정답은 페이지 맨 아래쪽을 보세요.

3월 18일
디젤이 태어난 날

•커다란 것을 움직일 때는 디젤에게 맡겨줘
발명가 디젤의 이름을 딴 디젤 엔진은 순식간에 세계로 퍼졌어요. 지금도 대형 자동차나 배에 사용되고 있어요.

집채같이 큰 것을 움직이는 게 특기!

차자잔!

발명가의 이름을 딴 새로운 엔진
승용차나 오토바이에는 휘발유 엔진이 사용되지만, 트럭이나 버스처럼 대형 차량과 배에는 디젤 엔진이 사용돼요. 이 디젤 엔진을 발명한 사람은 루돌프 디젤이에요. 기술자로 경험을 쌓으면서 내연기관' 개발을 시작하여 디젤 엔진을 발명했어요. 빠른 속도로 달릴 때는 불리하지만, 큰 힘을 낼 때 적합해서 지금도 많은 분야에서 이용되고 있어요.

* 연료를 태워서 발생하는 가스나 물체를 움직이는 힘으로 바꾸는 기관을 말해요.

퀴즈 디젤 엔진의 주요 연료는?
❶ 가솔린　❷ 경유　❸ 수소　❹ LPG

정답 | ❷ 주유소에서는 경유라고 표시해요.

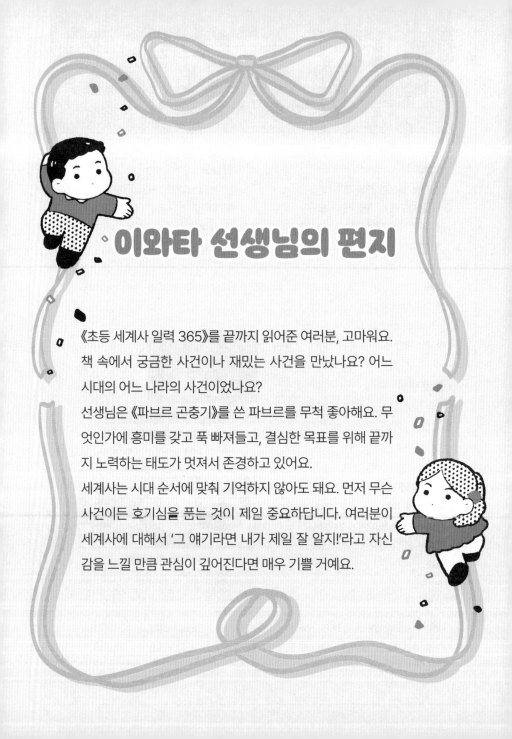

이와타 선생님의 편지

《초등 세계사 일력 365》를 끝까지 읽어준 여러분, 고마워요. 책 속에서 궁금한 사건이나 재밌는 사건을 만났나요? 어느 시대의 어느 나라의 사건이었나요?

선생님은 《파브르 곤충기》를 쓴 파브르를 무척 좋아해요. 무엇인가에 흥미를 갖고 푹 빠져들고, 결심한 목표를 위해 끝까지 노력하는 태도가 멋져서 존경하고 있어요.

세계사는 시대 순서에 맞춰 기억하지 않아도 돼요. 먼저 무슨 사건이든 호기심을 품는 것이 제일 중요하답니다. 여러분이 세계사에 대해서 '그 얘기라면 내가 제일 잘 알지!'라고 자신감을 느낄 만큼 관심이 깊어진다면 매우 기쁠 거예요.

• 이날의 한 줄 요약
이날과 관련된 사실이나 일어난 사건을 한 줄로 요약했어요.

• 그림 기호
이날 어떤 일이 일어났는지 한눈에 알 수 있도록 그림 기호를 그렸어요.

 사망   탄생   임명   재해   사건

 기념일 정치 조약 일어난 일 전쟁

• 날짜
1월부터 12월까지 날짜순으로 적었어요. 날짜는 양력인 그레고리력을 기준으로 하고, 이에 맞지 않는 경우는 해당 페이지에 따로 설명했어요.

• 연도(서기)
우리나라는 물론, 유럽이나 미국 등 여러 나라에서 사용하고 있는 날짜 표기 방법이에요.

• 시대
고대부터 현대까지 크게 5가지 시대로 구분했어요.

고대 ~5세기(~500년)
중세 6~14세기(501~1400년)
근세 15~17세기(1401~1700년)
근대 18~19세기(1701~1900년)
현대 20세기~(1901년~)

마젤란 원정대가 세계 일주 항해에 성공한 날

9월 6일

1522년 스페인 근세
■ 인물
□ 없음

배를 타고 세계 일주!
3년간의 대장정

망망대해에서 오랫동안 항해를 하다 보면 위험천만한 사건을 몇 번이고 맞닥뜨리기 때문에 사람들은 마젤란 원정대가 성공할 거라고 기대하지 않았대요.

3가지 다른 그림을 찾아라!

많은 선원이 사망했지만, 목표는 달성

1519년 스페인에서 모집한 마젤란 원정대가 바다에 배를 띄웠어요. 그리고 3년의 세월이 지난 이날, 마젤란 원정대는 출항지였던 스페인의 세비야항에 돌아왔어요. 세계 일주 항해에 최초로 성공했지만, 안타깝게도 원정대를 이끌던 마젤란과 많은 선원이 스페인에 돌아오지 못하고 목숨을 잃었어요. 약 300명이던 선원 중 살아남은 사람은 단 18명뿐이었어요.

정답 | ❶ 바다속 물고기 ❷ 갑판 모양 ❸ 모자

• 다른 그림 찾기
한 컷 만화를 다른 그림 찾기 형식으로 소개하는 페이지도 있으니 지루하지 않겠죠? 정답은 페이지 맨 아래쪽을 보세요.

• 해설
마치 사건의 주인공에게 직접 듣는 것처럼 그날 일어난 일을 설명해요.

• 본문에 나오는 단행본은 《 》로, 그 외 음악, 미술품 등의 제목은 〈 〉로 표시했습니다.
• 국립국어원 외래어 표기를 따르되 명확하지 않은 부분은 일반적으로 가장 많이 사용하는 표기로 기재했습니다.

한눈에 보는 세계사

- 근대 편 -

북극도 남극도 나라가 아니다?!

1838년에 남극이 하나의 대륙이라는 사실이 확인되었어요. 남극대륙은 어느 나라에도 속해있지 않은 땅이에요. 지구의 가장 남쪽에 위치한 남극점에는 12개국의 국기가 걸려 있어요. 이것은 자기 영토라는 표시가 아니라, 남극조약에 따라 남극대륙을 누구의 영토로도 삼지 않는다고 약속한 증거라고 해요. 남극과 비슷한 북극도 있어요. 하지만 북극은 대륙이 아니에요. 북극권과 그 주변 바다를 아울러 북극이라고 부르지요. 북극권에 영토가 있는 나라는 미국, 캐나다, 러시아를 비롯한 8개국이에요.

12월 31일

향신료가 필요하니
무역 회사를 만들자

지금의 아시아는 동인도라고 불렸고, 향신료가 유명했어요.
향신료를 원한 영국은 무역을 독점하는 회사를 만들었어요.

아시아 무역은 우리만 할게요!

OK!

여왕에게 무역 특권을 받은 동인도회사

런던의 상인들은 향신료가 풍족했던 인도와 동남아시아와 무역을 하고 싶었어요.
그래서 엘리자베스 1세 여왕에게 "회사를 만들 테니 동인도 나라들과의 무역 독점
권을 허락해 주십시오"라고 청을 올렸죠. 엘리자베스 여왕이 이를 허락하면서 동
인도회사가 설립되었다고 해요. 그 후 네덜란드와 프랑스, 덴마크 등도 동인도회
사를 설립하고 서로 경쟁하게 되었어요.

퀴즈 **아시아와 무역을 하기 위해서 처음으로 동인도회사를 세운 나라는?**

❶ 프랑스　　❷ 네덜란드　　❸ 덴마크　　❹ 영국

정답 l ❹ 영국의 동인도회사가 처음 아시아로 출발할 때 4척의 배에 500명이 넘는 사람이 탔어요.

1월

1일	EU에서 유로가 공식 화폐로 사용된 날
2일	세계 최초의 무인 달 탐사선을 발사한 날
3일	루터가 파문된 날
4일	뉴턴이 태어난 날
5일	루이 14세가 파리에서 탈출한 날
6일	프랭클린이 태어난 날
7일	그레고리우스 13세가 태어난 날
8일	마르코 폴로가 사망한 날
9일	피의 일요일 사건이 일어난 날
10일	세계 최초의 지하철이 개통된 날
11일	그랜드캐니언이 국립기념물로 지정된 날
12일	페스탈로치가 태어난 날
13일	졸라의 편지가 공개된 날
14일	루이스 캐럴이 사망한 날
15일	대영박물관이 개관한 날
16일	옥타비아누스가 존엄자 칭호를 얻은 날
17일	걸프 전쟁이 시작된 날
18일	몽테스키외가 태어난 날
19일	독일의 비행선이 영국을 공습한 날
20일	첫 아프리카계 미국 대통령이 당선된 날
21일	루이 16세가 처형된 날
22일	앙코르와트가 발견된 날
23일	수 왕조가 융지취를 완성한 날
24일	골드러시의 유래가 된 날
25일	제1회 동계올림픽이 개최된 날
26일	인도가 공화국이 된 날
27일	홀로코스트 기념일을 정한 날
28일	스탠리가 태어난 날
29일	푸시킨이 사망한 날
30일	간디가 암살당한 날
31일	슈베르트가 태어난 날

소련이 성립된 날

12월 30일

1922년
소비에트 연방 현대

여기쯤

□ 있음
■ 없음

힘들어서 안 되겠어!
평화로운 나라를 만들자

황제의 전제정치와 제1차 세계대전을 겪으며 사람들의 생활은 고달프기만 했어요.
그래서 민중은 혁명은 일으켰고, 황제를 끌어내렸어요.

소련을 탄생시킨 민중 혁명

황제 니콜라이 2세의 전제정치와 제1차 세계대전으로 러시아 제국(지금의 러시아)
의 경제는 기울었어요. 곤궁한 생활에서 벗어니고 싶었던 민중은 혁명을 일으켰어
요. 하지만 새로운 정부도 전쟁을 계속했기 때문에 고통의 끝이 보이지 않았어요.
그래서 전쟁 반대파의 지도자인 레닌의 지휘로 다시 혁명을 일으켰어요. 이것을
계기로 소비에트 사회주의 공화국 연방(소련)이 탄생했어요.

퀴즈 **니콜라이 2세를 끌어내리기 위해 민중이 일으킨 혁명은?**

❶ 2월 혁명   ❷ 4월 혁명   ❸ 6월 혁명   ❹ 8월 혁명

정답 | ❶ 민중이 파업하고 시위의 규모가 커지면서 군대도 혁명에 가담하여 니콜라이 2세는 황제 자리를 내려놓게 되었어요.

EU에서 유로가 공식 화폐로 사용된 날

1월 1일

2002년 ———— 현대
EU에 가입한 여러 나라

■ 있음
□ 없음

여기쯤

유로를 도입한 나라에서는
같은 화폐로 쇼핑한다?!

나라와 나라, 그리고 사람들끼리 경제적인 교류를 활성화하기 위해서
유럽의 여러 나라들은 '유로'라는 같은 화폐를 사용하기로 했어요.

화폐를 통일해서 유럽을 하나로

유럽 공통 화폐인 유로는 1999년 1월 1일에 처음 등장했고, 전자금융거래부터 사용되기 시작했어요. 실제 현금이 발행되어 널리 쓰인 것은 2002년 1월 1일로 유럽연합(EU)에 가입한 27개국 중 3분의 2가 넘는 나라에서 유로화 사용을 받아들였어요. 서로 다른 나라지만 같은 화폐를 사용하기 때문에 경제적으로는 하나의 나라와 다름없게 된 거예요. 이로써 유럽은 각 나라의 크기는 작을지라도 경제 규모는 미국만큼 거대한 몸집을 갖게 되었어요.

퀴즈 **유로를 사용하지 않는 나라는?**

❶ 스웨덴　　❷ 프랑스　　❸ 독일　　❹ 이탈리아

정답 | ❶ 스웨덴의 화폐는 크로나예요. EU를 탈퇴한 영국도 EU 회원국일 때 영국의 고유 화폐인 파운드를 유지했어요.

토마스 베케트가 암살된 날

12월 29일

1170년

영국

중세

■ 있음
☐ 없음

여기쯤

교회의 자유를 위해
목숨을 내놓은 남자

국왕 헨리 2세와 사이가 좋았던 토마스 베케트는 캔터베리 대성당의 대주교가 되었어요. 하지만 교회의 자유를 위해 왕의 명령에 따르지 않아서 왕과 사이가 나빠졌어요.

토마스 베케트를 죽여라!

예수 그리스도와 교회를 지키기 위해서라면 기꺼이 죽겠다.

왕의 의견에 반대한다고
목숨을 위협하다니

국왕 헨리 2세는 친구처럼 사이좋게 지내던 내게 영국 성직자 계급 중 최고의 직위를 내렸어. 하지만 나는 성직자를 임명할 권리를 교회가 가져야 한다고 생각했고, 왕과 점점 의견이 맞지 않게 되었지. 위험을 느낀 나는 프랑스의 수도원으로 몸을 피했어. 6년 후 국왕과 화해하고 관계를 회복했지만, 나를 반역자로 여긴 왕은 4명의 부하에게 나를 죽이라고 명령했어.

퀴즈 | 베케트가 살해당한 곳은?

❶ 자택 ❷ 왕궁 ❸ 캔터베리 대성당 ❹ 길

정답 | ❸ 캔터베리 대성당에서 기도하던 베케트는 제단 위에서 4명의 기사에게 암살당했어요.

📖 세계 최초의 무인 달 탐사선을 발사한 날

1월 2일

1959년
소비에트 연방

현대

□ 있음
■ 없음

여기쯤

인류 우주 보내기 작전!
그 시작은 무인 탐사선

세계 최초의 무인 달 탐사선 '루나 1호'의 발사 성공으로
우주 개발 경쟁을 이끌던 소련(지금의 러시아)이 역사적인 큰 걸음을 내디뎠어요.

엥?
나 아직 못 내렸는데.

스르릉

유인 우주선의 꿈에 다가선 루나 1호

소련은 1957년에 이미 인류 최초의 인공위성 '스푸트니크 1호' 발사에 성공했어요. 우주 개발 시대의 막을 열었지요. 이 기세를 몰아 1959년 1월 2일 소형 달 탐사선이 달린 로켓 발사까지 성공했어요. 루나 1호도 소련이 개발한 세계 최초의 무인 달 탐사선이에요. 하지만 아쉽게도 달에 착륙하지 못했어요. 같은 해에 다시 쏘아 올린 루나 2호가 달 표면에 충돌하듯이 착륙했고, 루나 3호는 달의 뒷면 사진 촬영에 성공했어요.

퀴즈

우주 개발 경쟁에서 소련과 힘겨루기를 했던 나라는?

❶ 미국　　　❷ 독일　　　❸ 중국　　　❹ 일본

정답 | ❶ 1969년에 미국의 아폴로 11호가 달 표면에 착륙하면서 처음으로 달 표면에 사람 발자국을 남겼어요.

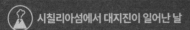
시칠리아섬에서 대지진이 일어난 날

12월 28일

1908년
이탈리아
현대

■ 있음
□ 없음

여기쯤

많은 사망자를 낸
시칠리아섬의 대지진

이날 이탈리아 남부의 시칠리아섬과 가까운 메시나 해협에서 큰 지진이
일어났어요. 해안 지역에는 쓰나미가 몰아쳤고, 약 10만 명이 사망했어요.

쓰나미다! 도망가야 해!

건물이 무너지고, 마을은 엉망진창

메시나 해협이 진원지였던 규모 7.1의 메시나 지진은 20세기 이후 유럽에서 일어
난 지진 중에서 가장 많은 사망자가 발생했어요. 지진으로 집이 무너지고, 수 미터
높이의 쓰나미가 밀려와서 마을이 완전히 파괴되었어요. 안타깝게도 이 지역의 건
물은 강한 지진을 견딜 수 있도록 설계되지 않아서 마을 건물의 약 90%가 무너지
고 말았어요.

★★★ 퀴즈 | 지진으로 메시나를 휩쓸고 간 쓰나미의 높이는?

❶ 2미터　　❷ 4미터　　❸ 8미터　　❹ 12미터

정답 | ❹ 시칠리아섬의 대도시 메시나는 진원지인 메시나 해협과 가까웠기 때문에 피해가 컸어요.

1521년
신성 로마 제국
(지금의 독일)

근세

□ 있음
■ 없음

여기쯤

교회를 비판했다고
기독교에서 파문당하다니

기독교 역사에서 매우 중요한 사건으로 손꼽히는 종교개혁을 일으킨 마르틴 루터는 기독교 사회에서 추방당하는, 성직자에게는 가장 두려운 벌인 파문을 당했어요.

파문이다!!

사실을 말했을 뿐인데...

시무룩...

루터의 개혁으로
프로테스탄트가 탄생하다

종교개혁은 기독교가 가톨릭(천주교)과 프로테스탄트(개신교)로 갈라진 사건이야. 그 개혁의 바람을 일으킨 사람이 바로 나란다. 《성서》를 샅샅이 읽었지만, 성직자와 일반 신자가 다르다는 말은 없었어. 그런데 성직자는 특별한 권리와 지위가 있는 계급으로 군림하고 있는 거야. 그래서 뭔가 이상하다고 했더니 가톨릭에서 파문당했어.

★★★ 퀴즈	프로테스탄트를 다른 말로 뭐라고 부를까?			
	❶ 루터파	❷ 반교회파	❸ 구교	❹ 신교

정답 | ❹ 기존 가톨릭인 구교와 구별하기 위해 여기에서 떨어져 나온 분파를 신교라고 불렀어요.

파스퇴르가 태어난 날

12월 27일

1822년
프랑스
근대

■ 있음
□ 없음

여기쯤

전염병의 원인을 발견한 세균학의 아버지

프랑스의 세균학자 루이 파스퇴르는 전염병을 연구했어요.
그리고 전염병은 세균이 일으킨다는 사실을 발견했어요.

과학에
국경은 없지만
과학자에게는
조국이 있다.

전염병의 원인을 차단하는 백신을 만들다

옛날에는 전염병에 걸려 목숨을 잃는 사람이 아주 많았어요. 여러 종류의 감염병을 조사했더니 원인은 세균이었다는 걸 알게 되었어요. 더욱 깊이 연구해서 전염병을 예방하는 백신도 개발해 냈죠. 파스퇴르는 전염병에 걸리지 않도록 미리 백신을 맞아서 몸속 면역을 갖추는 예방접종을 널리 퍼뜨렸어요. 덧붙여 와인을 썩지 않게 하는 방법을 찾은 사람도 그랍니다.

퀴즈

파스퇴르가 개발한 백신은?

❶ 광견병 백신
❷ 신형 코로나 백신
❸ 인플루엔자 백신
❹ 풍진 백신

정답 | ❶ 파스퇴르는 광견병 백신을 비롯한 여러 전염병 백신을 개발했어요.

물체가 땅에 떨어지는 이유는 무엇일까?

사과가 나무에서 떨어지는 것은 눈에 보이지 않는 힘이 사과를 잡아당기기 때문이에요. 아이작 뉴턴은 이 사과나무에서 만유인력의 법칙의 힌트를 얻었어요.

위도 아니고
옆도 아니고
왜 항상 아래로만?

자연과학 분야에 많은 업적을 남긴 뉴턴

모든 물체 사이에는 서로 끌어당기는 힘이 작용해. 이를 '만유인력의 법칙'이라고 하는데, 이것을 발견한 사람이 바로 나야. 나는 물리학자이면서 수학자이자 천문학자인 대단한 인물이라서 자연과학 분야에 쌓은 업적을 세어보자면 밤을 꼴딱 새워도 끝나지 않을 정도야. 뛰어난 관찰력으로 수많은 발견과 발명을 했지. 반사망원경*의 일종인 '뉴턴식 망원경' 발명도 그중 하나인 거 모르지?

* 렌즈를 조합한 굴절망원경과 달리, 거울을 조합한 방식이 반사망원경이에요.

 퀴즈 **뉴턴이 고양이를 좋아해서 만들었다고 알려진 발명품은?**

❶ 발톱 정리 도구　　❷ 강아지풀　　❸ 자동 먹이 공급기　　❹ 캣플랩

정답 | ❹ 연구소에 드나드는 고양이를 위해 스프링이 달린 전용 출입문을 발명했어요.

마오쩌둥이 태어난 날

12월 26일

1893년

청

근대

□ 있음
■ 없음

여기쯤

중국에서
가장 위대한 사람은 나야

제2차 세계대전이 끝났지만, 중화민국에서는 내전이 끊이지 않았어요. 그중에서 단연 돋보이는 능력을 선보인 사람이 중화인민공화국을 세운 마오쩌둥이에요.

짜잔!

중화인민공화국을 건국하고 내가 나라를 이끌겠다!

학교 선생님에서 나라의 수장으로

20대이 젊은 나이에 공산당 대회의 중심 멤버가 된 나는 정치가와 군사전략가의 재능을 갖추고 있었어. 그래서 중국국민당과의 정권 싸움에서 승리하고, 나라를 통치하는 공산당의 지도자가 되어 권력을 잡았지. 그리고 중화인민공화국을 건국했어. 중국의 첫 번째 국가주석이 된 사람이 나야.

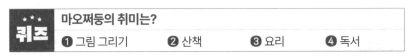

★★★
퀴즈 | **마오쩌둥의 취미는?**
❶ 그림 그리기　　❷ 산책　　❸ 요리　　❹ 독서

정답 | ❹ 책 읽기를 매우 좋아했던 마오쩌둥의 집에는 약 70만 권의 책이 있었어요.

⚔ 루이 14세가 파리에서 탈출한 날

1월 5일

1649년
프랑스   근세

여기쯤

■ 있음
□ 없음

왕이 권력을 휘두르는 게 나쁘다고?!

17세기 프랑스에서 재상(왕을 돕는 정치인 중 최고 책임자) 마자랭이 세금을 더 많이 거둔 것에 국민들의 불만이 쌓여 내란(나라 안에서 일어난 전쟁)이 발생했어요.

왕권 강화로 이어진 프롱드의 난

프롱드의 난은 1648~1653년에 일어난 프랑스의 내란이에요. 재상 마자랭이 세금을 늘리자 귀족이 반발하여 반란을 일으켰고, 시민까지 가세하면서 전쟁의 불씨가 전국으로 번져나갔어요. 당시 10살이었던 국왕 루이 14세는 이날 왕궁을 포위한 적들의 눈을 피해 마자랭과 함께 파리를 빠져나갔어요. 하지만 <u>내란은 진압되었고, 왕권이 더욱 강해지는 결과를 낳았죠.</u> 이 사건의 이름인 '프롱드'는 아이들이 돌을 던질 때 사용하는 장난감이에요.

퀴즈 | 루이 14세가 세운 건축물은?

❶ 에펠탑   ❷ 루브르 미술관   ❸ 베르사유 궁전   ❹ 개선문

정답 | ❸ 루이 13세의 별장을 루이 14세가 더 크게 만들어서 궁전으로 완성했어요.

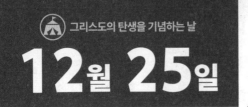

그리스도의 탄생을 기념하는 날

12월 25일

기원전 4년 무렵

베들레헴

고대

□ 있음
■ 없음

여기쯤

크리스마스다!
예수의 탄생을 축하해

크리스마스라고 불리는 이날은 기독교를 세상에 널리 퍼뜨린
예수 그리스도가 이 세상에 태어난 것을 축하하는 전 세계의 기념일이에요.

크리스마스가 원래는 동지였다?!

이날은 원래 옛 달력에서 동지(1년 중에서 낮의 길이가 가장 짧은 날)에 해당하는 날이
었어요. 그래서 태양을 숭배하는 축제가 열렸지요. 그런데 이 축제를 두고 <u>기독교
신자들은 '태양이 신이 아니라 그리스도가 신이다'라고 맹렬하게 반대했어요.</u> 결국
이날은 태양을 우러르는 날이 아니라 그리스도의 탄생을 축하하는 축제의 날로 바
뀌었어요. 우리나라는 1884년 서양 선교사를 통해 크리스마스가 들어온 것으로
알려져 있어요.

퀴즈

산타클로스는 어디로 올까?

❶ 현관　　　　　**❷ 창문**　　　　　**❸ 굴뚝**

정답 | ❸ 산타클로스의 모델인 성 니콜라스가 가난한 가정의 굴뚝에 동전 주머니를 던져 주었다는 이야기에서 비롯되었어요.

프랭클린이 태어난 날 (율리우스력)

1월 6일

1705년
미국
근대

■ 있음
□ 없음
여기쯤

100달러 지폐에 새겨진 미국 건국의 아버지

인쇄업자였던 벤저민 프랭클린은 훗날 정치 세계에 진출했어요. 식민지 대표가 되어 미국을 독립으로 이끌어서 오늘날 미국 지폐에 얼굴이 새겨지게 되었어요.

인쇄업자였다고 해서 내가 내 얼굴을 넣었다고 오해하면 곤란해.

미국 독립의 주역이 된 학자 정치가

인쇄업을 하다가 정치인이 되어 미국 독립을 위해 힘을 쏟은 프랭클린은 '미합중국 건국의 아버지'라고도 불리며, 100달러짜리 지폐에 초상화가 담겨 있어요. 프랭클린이 태어난 곳은 당시 영국의 식민지였던 보스턴인데, 그의 아버지는 양초 기술자였다고 해요. 프랭클린은 물리학자이면서 기상학자이기도 했어요. 번개가 전기 현상이라는 사실을 발견한 것으로도 유명하죠.

퀴즈 보스턴을 중심 도시로 삼은 미국의 주는?

❶ 워싱턴주 ❷ 매사추세츠주 ❸ 플로리다주 ❹ 뉴욕주

정답 | ❷ 면적은 작지만 정치, 경제, 교육 등 여러 분야에서 미국을 이끌고 있어요.

12월 24일

에너지를 연구했더니
내 이름이 단위가 되었어

제임스 프레스콧 줄은 영국의 물리학자로
에너지와 전력량의 단위 'J(줄)'의 유래가 된 사람이에요.

$$Q = I^2 R \cdot t$$

가업을 도우면서 많이 연구했어요.

열역학의 기초를 발견한 줄

나는 양조장을 운영하는 집안에서 태어났어. 내 가정교사였던 존 돌턴은 원자론으로 유명한 과학자였지. 젊은 시절에는 막 발명된 증기 모터를 전기 모터로 개량해서 더욱 편리하게 만드는 연구에 몰두했어. 연구하다가 전기로 생기는 열은 전류의 양과 저항(전류의 흐름을 방해하는 힘)의 크기에 따라 결정된다는 법칙을 발견했지. 이 법칙은 '줄의 법칙'이라고 불리게 되었고, 열역학의 발전으로 이어졌어.

퀴즈

줄이 발견한 또 한 가지의 법칙은?

❶ 전류의 법칙

❷ 열역학의 법칙

❸ 가우스의 법칙

❹ 에너지 보존의 법칙

정답 | ❹ 외부와 차단된 장소에서는 그 공간의 에너지 합계가 일정해진다는 사실을 발견했어요.

그레고리우스 13세가 태어난 날

1월 7일

1502년 ─────
로마 교황령

여기쯤

근세

□ 있음
■ 없음

안 맞는 달력 대신
새로운 달력을 만들자

그레고리우스 13세는 학문을 사랑하고, 종교개혁에 적극적이었던 로마 교황(가장 높은 지위의 성직자)이에요. 현재 널리 쓰이는 달력인 그레고리력*을 채용한 것으로 유명해요.

이제야 달력이 정확해졌구먼!

기원전부터 사용된 달력을 더욱 정확하게

내가 교황일 적에 일궈낸 성과 중에서 가장 큰 개혁은 새로운 달력을 채용한 일이야. 날짜가 어긋난 채로 수백 년이나 방치된 율리우스력**을 폐지하고, 1582년에 그레고리력을 제정했어. 하지만 프로테스탄트 신자들은 내가 만든 그레고리력을 사용하기 싫다고 반발하기도 했지.

* 1년의 길이를 세는 방법을 바꿔서 기존 달력의 오차를 줄이고, 4년에 한 번씩 윤년을 넣어 조정한 달력이에요.
** 고대 로마 공화국의 율리우스가 개정해 기원전 45년부터 사용된 가장 오래 쓰인 달력이에요.

퀴즈 **우리나라는 누가 그레고리력을 채용했을까?**

❶ 세종 　　　❷ 인조 　　　❸ 효종 　　　❹ 고종

정답 | ❹ 조선의 26대 국왕인 고종이 1896년에 공식적으로 사용하기 시작했어요.

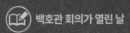

12월 23일

유교의 내용이 저마다 달라서 안 되겠어

오랜 역사를 가진 중국에는 예로부터 여러 사상이 전해 내려왔어요.
그중에서 가장 많은 사람에게 영향을 준 것이 유교예요.

유교의 정의를 결정한 백호통의

공자가 주장한 도덕과 가르침이 바탕인 유교는 중국에서 가장 오래 살아있는 사상
이에요. 그런데 너무 많은 사람에게 전해져서 문제가 생겼어요. 유교 경선의 내용
과 이해가 진짜 공자의 사상에서 조금씩 벗어나 버린 거예요. 그래서 <u>내용과 해석
을 통일하기 위해 학자들이 모여 백호관 회의를 열었어요.</u> 회의 내용을 정리한 것
을 '백호통의'라고 해요.

퀴즈	유교가 우리나라에 들어온 것은 언제일까?			
	❶ 삼국시대	❷ 고려시대	❸ 조선시대	❹ 근현대

정답 ❶ 삼국시대에 처음 개념이 수용되었고, 전국적인 보급은 조선시대에 이뤄졌어요.

😇 마르코 폴로가 사망한 날

1월 8일

1324년
베네치아 공화국 　중세

□ 있음
■ 없음

여기쯤

자네, 똑똑하구먼!
몽골 황제의 마음을 사로잡다

몽골 황제인 쿠빌라이 칸의 명령을 받고 아시아를 여행한
마르코 폴로가 남긴 여행기 《동방견문록》은 전 세계적으로 널리 읽혔어요.

3가지 다른 그림을 찾아라!

여행의 추억을 감옥 안에서 풀어낸 탐험가

마르코 폴로는 무역 상인이었던 아버지를 따라나섰다가 몽골 황제를 만나게 되었는데, 황제가 그의 영리함에 반했다고 해요. 그래서 황제는 그에게 많은 땅을 여행하고 돌아와 보고하라는 명령을 내렸어요. 고향밖에 모르던 마르코 폴로는 처음 본 문화와 물건, 경치에 눈을 뗄 수 없었지요. 나중에 전쟁 포로로 잡혔을 때 감옥 안에서 친해진 어느 작가에게 여행의 추억을 이야기해 줬는데, 그 이야기가 책으로 기록되어 베스트셀러가 되었어요.

정답 | ❶ 뱃머리 장식 ❷ 갈매기 숫자 ❸ 해

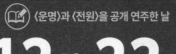

12월 22일

1808년
오스트리아
여기쯤

근대

■ 있음
□ 없음

전 세계인의 인기 명곡을
처음으로 연주하다

독일의 작곡가이자 피아니스트인 루트비히 판 베토벤이
〈운명〉과 〈전원〉을 처음으로 선보인 날이 바로 이날이었어요.

만약 신이 세상에서
가장 불행한 인생을
선물해도 나는 운명에
맞서 싸울 것이다!

장 장 장 장~!

연주는 실패했지만, 곡은 훌륭했어

이날 빈의 빈 국립 극장(안 데아 빈 극장)은 사람들로 가득했지. 그곳에서 내가 제5
교향곡(운명)과 제6 교향곡(전원)을 처음으로 연주했거든. 갑자기 진행된 발표회였
기 때문에 연습이 부족해서 제대로 연주하지 못했어. 그래도 관객들은 대단히 훌
륭한 곡이라고 평가해 주었지. 나는 교향곡은 총 9곡, 피아노 소나타는 총 32곡을
만들었어.

퀴즈 | 〈운명〉과 〈전원〉을 처음으로 선보인 극장은 어느 나라에 있을까?

❶ 오스트리아　　❷ 독일　　❸ 프랑스　　❹ 스페인

정답 | ❶ 오스트리아의 빈에 있는 빈 국립 극장은 새로운 음악을 감상하려는 사람이 많이 방문했어요.

🔍 피의 일요일 사건이 일어난 날 (율리우스력)

1월 9일

1905년 ━━━━━━

러시아 제국 | 현대

여기쯤

☐ 있음
■ 없음

시민에게 발포하라고 명령한 잔인한 황제

황제에게 직접 청원서를 전달하려고 했던 시위 행렬을 향해 군대가 무자비하게 총을 쐈어요. 시민의 피가 광장을 뒤덮은 이 사건은 러시아 혁명의 원인이 되었어요.

평화 시위가 피바다로 변한 날

황제가 다스리던 러시아 제국은 러시아 혁명으로 1917년에 사라졌어요. 그 흐름을 만든 계기가 1905년 1월 9일에 일어난 '피의 일요일' 사건이에요. 게오르기 가폰 신부가 이끄는 10만 명 이상의 노동자와 그들의 가족이 정치 개혁과 노동자 보호를 요구하며 수도 상트페테르부르크에서 평화롭게 행진했어요. 그런데 황제의 군대가 일제히 사격을 시작했고 2,000명이 넘는 사상자가 발생했어요.

퀴즈 | **시위 목적 중 하나였던 전쟁 중지 상대는 어느 나라였을까?**

❶ 일본　　　❷ 미국　　　❸ 영국　　　❹ 중국

정답 | ❶ 1904~1905년은 러일전쟁이 일어나서 러시아와 일본이 싸우던 시기였어요.

파브르가 태어난 날

12월 21일

1823년
프랑스 ───── 근대

■ 있음
□ 없음

여기쯤

호기심으로
곤충 박사가 되다

작은 농촌에서 태어나 곤충을 매우 좋아했던 소년 장 앙리 파브르는
어른이 되어서도 곤충에 대한 흥미는 여전했어요.

곤충의 생태를 사람으로 비유해서 설명하면 재밌겠는데?

왜 벌의 먹이는 썩지 않을까?

나는 곤충학자 파브르야. 어느 날 '벌이 둥지로 갖고 돌아오는 머잇간은 썩지 않는
다'라는 논문을 읽고, 이유가 궁금해서 직접 실험해 보기로 했어. 먹이가 될 곤충을
주었더니 벌은 죽지 않고 신경을 찔러서 움직이지 못하게만 하더라고. 이것이
내가 곤충 연구에 푹 빠지게 된 계기야. 그 후 나는 곤충 연구에 몰두해 30년에 걸
쳐 10권에 이르는 《파브르 곤충기》를 완성했어.

퀴즈 | **파브르가 벌의 먹이로 주었던 벌레는?**

❶ 애벌레　　　❷ 공벌레　　　❸ 짚신벌레　　　❹ 바구미

정답 | ❹ 벌에게 살아있는 바구미를 주려고 파브르는 벼랑길을 기어다니며 잡았어요.

1월 10일

땅 위는 복잡하니까
땅속에 기차가 달리면 좋겠어

대영제국이라고 불리며 세계에서 가장 힘 있는 나라로 전성기를 누리던
영국의 수도 런던에 세계 최초로 지하철이 달리기 시작했어요.

최초의 지하철은 증기기관차+목조객차

세계에서 가장 오래된 지하철은 런던에 있는 메트로폴리탄 철도예요. 이날 런던
시내의 패딩턴역과 패링던 스트리트역을 연결하는 약 6킬로미터 구간이 개통되
었어요. 처음에는 증기기관차가 나무로 만든 객차(사람을 태우는 철도차량)를 끌었
기 때문에 기관차가 뿜어내는 증기와 연기를 없앨 해결책을 마련하느라 골머리를
앓았대요. 1890년 이후에서야 점차 전기기관차로 교체되었어요. 영국의 초기 철
도 노선은 대부분 지금도 운행되고 있어요.

퀴즈

우리나라 최초의 지하철 노선은?

❶ 1호선　　❷ 경의중앙선　　❸ 2호선　　❹ 신분당선

정답 | ❶ 1974년 8월 15일에 개통된 1호선이에요. 우리나라는 개통 순서대로 번호를 붙였어요.

러시아 비밀경찰이 설립된 날

12월 20일

1917년
러시아
현대

■ 있음
□ 없음

여기쯤

반혁명파는 즉시 체포!
두려움의 대상이었던 비밀경찰

소련의 지도자 레닌이 이끄는 혁명파는 반혁명파를 두려워했어요.
그래서 정권을 지키기 위해 비밀경찰을 조직했어요.

반혁명파를 체포하는 권한을 가진 체카

러시아 혁명으로 혁명파인 레닌과 그의 추종자들이 소비에트 정권의 중심에 섰어요. 하지만 언제 반혁명파가 덮쳐올지 알 수 없어서 오들오들 떨어야 했죠. 그래서 비밀경찰 '체카'를 설립해서 반혁명파를 단속하기로 했어요. 레닌은 체카에게 '말을 듣지 않는 자는 바로 체포해도 좋다'라는 권한을 줬어요. 그래서 반혁명파가 테러를 일으키지 못하도록 했대요.

 퀴즈 | **소비에트 정권에서 최고 권력자였던 사람은?**

❶ 카메네프　　　❷ 레닌　　　❸ 마르크스　　　❹ 스탈린

정답 | ❷ 레닌은 헌법 제정 의회를 강제 해산시키고, 볼셰비키당(공산당)의 독재체제를 만들었어요.

📖 그랜드캐니언이 국립기념물로 지정된 날

1월 11일

1908년
미국
현대

■ 있음
□ 없음

여기쯤

한 번은 꼭 가야 하는
신비로운 자연 현상이 가득한 곳

세계적으로 유명한 그랜드캐니언은 미국의 아주 오래된 국립공원 중 하나로 매우 유명해요. 예전에 미국 대통령이 '한 번은 꼭 가야 할 장소'로 소개할 정도였어요.

전 세계에서 인정한 강이 깎여서 생긴 공원

이날 그랜드캐니언 주변 지역이 국립기념물로 지정되었어요. <u>1919년에 국립공원으로 지정되었고, 1979년에는 유네스코 세계유산으로 등록되었지요.</u> 이 공원에는 20억 년 전의 지층이 쌓인 암벽이나 강물에 돌이 깎여서 생긴 계곡처럼 여러 자연 현상이 완성한 훌륭한 풍경을 만날 수 있어요. 그랜드캐니언에는 직접 운전해서 가도 되지만, 저무는 석양을 감상할 수 있는 당일치기 버스 투어가 인기예요.

퀴즈 | 그랜드캐니언을 만든 강의 이름은?

❶ 미시시피강   ❷ 콜로라도강   ❸ 아마존강

정답 | ❷ 애리조나주의 콜로라도강이 흐르며 형성된 거대한 협곡이에요.

인도가 고아를 되찾은 날

12월 19일

1961년 ———— 현대

인도

■ 있음
□ 없음

여기쯤

고아를 돌려주지 않으면
무력으로 되찾겠어

동서무역의 중심이었던 고아는 오랫동안 포르투갈의 식민지였어요.
하지만 인도는 고아를 돌려받길 원했어요.

> 좋은 항구도 있고, 철광석도 캘 수 있는데 돌려주고 싶겠니!

> 고아 지역에 대한 태도가 너무하잖아! 고아를 해방시켜 줘.

450년에 걸친 식민지 지배에서 해방되다

1510년 포르투갈의 대함대가 고아를 점령하러 왔어요. 고아는 무역의 중심지로
번영했고, 제2차 세계대전이 끝난 후 인도 정부는 고아를 돌려달라고 몇 번이나
요청했어요. 하지만 포르투갈은 꿈쩍도 하지 않았죠. 결국 인도 정부는 무력으로
되찾기로 결심하고 하늘, 땅, 그리고 바다에서 공격을 퍼부었고, 다음 날 성공적으
로 고아를 되찾았어요. 약 450년에 걸친 식민지 지배에서 벗어나 자유를 찾은 거
예요.

퀴즈 | 고아를 공격해서 식민지로 삼은 포르투갈인은 누구일까?

❶ 안토니오　　❷ 알바르크　　❸ 알부케르크　　❹ 케르베로스

정답 | ❸ 알부케르크는 고아뿐 아니라 믈라카해협과 호르무즈해협 주변도 침략했어요.

일방적인 교육은 NO, 자기 주도 학습이 최고!

공부는 의무가 아니라 스스로 의지를 갖고 임하는 것이 무엇보다 중요해요.
페스탈로치가 확립한 교육법은 근대적인 초등교육의 기초가 되었어요.

가르치는 방법도
배워야 해.

전인교육*의 중요성을 강조하다

나는 요한 하인리히 페스탈로치예요. 어린이 교육은 직접 그림이나 모형을 보고
느끼면서 배움을 얻거나 아이의 의지를 끌어내는 것이 가장 중요하다고 생각해요.
농사와 빈민학교 경영에 실패하기도 했지만, 책을 쓰면서 교육법을 계속 연구했어
요. 이제는 많은 교육자가 나의 교육법에 관심을 기울이고 받아들여서 지금의 교
육으로 발전시켰지요.

* 학술 중심이 아닌 개개인이 가진 자질을 찾고 키워주는 교육이에요.

퀴즈 | 페스탈로치가 영향을 받은 《에밀》을 쓴 철학자는?

❶ 칸트   ❷ 루소   ❸ 헤겔   ❹ 데카르트

정답 | ❷ 소설 형식의 교육론 《에밀》은 철학자 장 자크 루소의 대표작이에요.

 서진이 멸망한 날

12월 18일

316년 ───
서진
고대
□ 있음
■ 없음
여기쯤

황제의 자리를 둘러싸고 벌어진 계승 전쟁

중국을 통일한 왕조 서진은 초대 황제인 사마염이 사망하자
황제의 자리를 둘러싸고 전쟁이 터졌어요.

내부에서 다투는 사이 유목민족에 나라가 멸망하다

위, 촉, 오로 나뉜 삼국시대에 마침표를 찍고 중국을 통일한 사마염은 서진을 건국하고 초대 황제의 자리에 올랐어요. 하지만 그가 사망한 뒤 황족들 사이에서 다음 황제 지위를 두고 권력 다툼이 일어났어요. 서진 내부에서 엎치락뒤치락 전쟁을 벌이는 틈을 노려 한인의 지배를 받던 북방 유목민족이 야금야금 세력을 불렸어요. 결국 유목민족인 흉노족에게 서진은 멸망하고 말았어요.

 퀴즈 | **서진에서 일어난 내란의 이름은?**

❶ 팔왕의 난   ❷ 서진의 난
❸ 사마염의 난   ❹ 흉노족의 난

정답 | ❶ 후계자로 유력했던 사마씨 일족이 황제 자리를 차지하기 위해 10년 이상 싸웠어요.

졸라의 편지가 공개된 날

1월 13일

1898년
프랑스
근대

■ 있음
□ 없음

여기쯤

아무 증거도 없지 않은가!
유죄 판결은 부당하다

반유대주의가 뿌리 깊은 프랑스에서 한 유대인이 간첩 용의자로 체포되었어요.
당시 인기 소설가였던 에밀 졸라는 신문에 용의자를 변호하는 편지를 공개했어요.

작가인 졸라가
정부를 상대로
싸움을 걸었어.

유대인 차별이 낳은
억울한 누명을 벗겨준 작가

유대계 군인 알프레드 드레퓌스가 간첩
으로 의심받고 죄를 뒤집어썼어요. 유대
인을 미워하는 세력이 꾸민 계략으로 명
백한 누명이었지요. '나는 고발한다'는
내가 신문에 발표한 글이에요. 드레퓌스
를 변호하는 내용이었어요. 이로 인해
나의 명예와 인기가 추락했지만, 드레퓌
스는 무죄로 풀려날 수 있었어요.

퀴즈 드레퓌스가 정보를 흘렸다고 의심받은 유럽 나라는?

❶ 독일　　　❷ 영국　　　❸ 미국　　　❹ 오스트리아

정답 | ❶ 전쟁으로 영토를 빼앗겨서 독일에 대한 반감이 강했던 시기였어요.

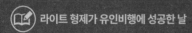
라이트 형제가 유인비행에 성공한 날

12월 17일

1903년
미국
현대
여기쯤
■ 있음
□ 없음

하늘을 날고 싶어!
꿈을 이룬 형제

라이트 형제는 어느 날 글라이더를 타고 하늘을 날던 파일럿이 추락해서 사망했다는 소식을 들었어요. 그리고 이번에는 직접 하늘을 날아보자고 생각했어요.

인류는 1,000년이 지나도 날 수 없어!

그렇다면 날 수 있는 기계를 만들자.

엔진의 힘으로 하늘을 나는 동력 비행기의 탄생

우리의 꿈은 비행기를 만드는 일이었어. 도면을 그리고 글라이더를 제작해 날리기까지 성공했지. 그다음에는 엔진을 얹어보았어. 처음에는 동생인 오빌이 탔고, 형인 윌버가 프로펠러를 돌려서 엔진에 시동을 걸자 활짝 열린 하늘로 멋지게 날아올랐어. 세계에서 처음으로 유인(사람을 태운) 동력 비행에 성공한 거야. 라이트 형제가 만든 최초 비행기의 비행시간은 59초, 거리는 259.7미터였어.

퀴즈 ★★★ **라이트 형제가 유인비행에 성공한 기체의 이름은?**

❶ 라이트호　❷ 오빌호　❸ 윌버호　❹ 플라이어호

정답 | ❹ 미국의 노스캐롤라이나 키티호크 해변에서 플라이어호의 비행에 성공했어요.

루이스 캐럴이 사망한 날

1월 14일

1898년
영국
근대

■ 있음
□ 없음

여기쯤

《이상한 나라의 앨리스》의 저자는 사실 수학자였다?!

세계적으로 사랑받는 동화를 쓴 작가는 인생을 수학자 활동에 바쳤어요.
그가 쓴 수학책들은 다른 수학자들에게 큰 영향을 줄 정도였어요.

3가지 다른 그림을 찾아라!

친구의 딸을 위해 쓴 동화책

목사 가정에서 11명의 형제 중 첫째 아들로 태어난 루이스 캐럴은 명문 대학에 입학했고, 졸업 후에도 학교에 남아 수학을 연구했어요. 죽을 때까지 10권 이상의 수학책을 남겼지요. 그가 남긴 책들은 다른 수학자들에게 큰 영향을 줄 만큼 훌륭한 성과였어요. 그는 수학만큼이나 아이들을 매우 사랑했는데, 친구 딸인 앨리스를 위해서 쓴 동화가 바로 《이상한 나라의 앨리스》였대요.

🔍 보스턴 차 사건이 일어난 날

1773년
미국 ｜ 근대

■ 있음
□ 없음

여기쯤

12월 16일

홍차 상자를 전부 바다에 던져버리다

당시 영국의 식민지였던 미국의 시민들이 보스턴 항구에 정박한
영국의 배를 습격해 쌓여있던 화물을 모두 바다에 던진 사건이 일어났어요.

영국 정부를 향한 보스턴 시민의 분노 대폭발

미국에 영국의 홍차를 마시는 문화가 퍼졌어요. 하지만 영국 정부는 경영 상태가
좋지 않은 영국의 동인도회사*에 홍차 판매 독점권을 넘겨줬어요. 이 사실에 화가
난 미국 시민들은 보스턴 항구에 머물러 있던 배를 덮쳐서 홍차 화물을 모두 바다
에 던지고 "보스턴 바다를 티포트로 만들어 주마"라고 외쳤다고 해요. 이것이 보스
턴 차 사건이에요.

* 인도 및 동남아시아 지역과 무역할 권리를 독점하려고 세운 회사예요. 유럽 여러 나라가 만들었어요.

퀴즈　이 사건이 계기가 되어 시민들이 자주 마시게 된 것은?

❶ 보리차　　　❷ 녹차　　　❸ 커피　　　❹ 우롱차

정답 | ❸ 미국에서는 이 사건을 계기로 홍차 대신 커피를 자주 마시게 되었다고 해요.

📖 대영박물관이 개관한 날

1월 15일

1759년 ———
영국   근대

여기품
■ 있음
□ 없음

세계 제일의 규모를
자랑하는 박물관

대영제국이라고 불리며 세계의 4분의 1을 지배했던 영국의 수도 런던에 대영박물관이
문을 열었어요. 박물관에 전시된 대부분은 전 세계에서 수집한 귀중한 발굴품이에요.

미라와 모아이 석상도 있다고?!

큰 힘을 길러 여기저기에 식민지를 세웠던 대영제국의 전성기는 19세기 말~20세
기예요. 세계 최대 규모의 박물관으로 인정받고 있는 런던의 대영박물관은 이 시
기에 세계 각지에서 수집한 유물, 문화유산, 미술 공예품 등 약 800만 점을 소장하
고 있어요. 유명한 '로제타스톤*'과 고대 이집트의 '미라'도 있답니다. 이렇게나 굉
장한데 입장료는 일부 특별전을 제외하고는 모두 공짜예요.

* 이집트에서 발견된 거대한 비석으로, 고대 상형문자를 해석하는 중요한 단서가 되었어요.

퀴즈 ★★★

로제타스톤은 어느 나라 사람이 발견했을까?

❶ 이집트   ❷ 영국   ❸ 프랑스   ❹ 수단

정답 | ❸ 나폴레옹의 이집트 원정에 참여했던 프랑스 군인이 발견했어요.

1832년 ───

프랑스

근대

여기쯤

■ 있음
□ 없음

에펠탑을 건설한
프랑스의 천재 기술자

에펠은 다리를 비롯한 수많은 강철 구조의 건축물을 세상에 남겼고,
프랑스를 넘어 전 세계에 큰 영향을 주었어요.

3가지 다른 그림을 찾아라!

프랑스의 상징이 된 에펠탑

이날 태어난 구스디브 에펠은 젊을 때부터 지능을 인정받은 이름이 알려진 기술자예요. 강철 구조 전문가로 일을 했다고 해요. 가장 유명한 작품은 에펠탑이에요. 당시의 최신 기술을 많이 접목한 에펠탑 건설을 반대한 사람도 많았지만, 완성된 이후 지금까지 프랑스의 상징으로 자리 잡을 만큼 유명한 건축물이 되었어요. 에펠은 프랑스가 미국에 선물한 '자유의 여신상'의 설계에도 참여했어요.

정답 | ❶ 건축물 ❷ 하늘의 비행 물체 ❸ 왼쪽 사람의 모자

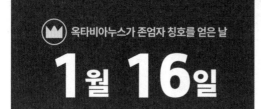

옥타비아누스가 존엄자 칭호를 얻은 날

1월 16일

기원전 27년 ────

제정시대 로마

고대

□ 있음
■ 없음

여기쯤

아우구스투스, 황제에게 어울리는 칭호

위대한 정치인이었던 카이사르가 세상을 떠난 후 혼란했던 로마를 통일한 옥타비아누스는 '존엄자'라는 뜻의 '아우구스투스' 칭호를 얻었어요.

리더는 한 명이면 충분하다!

우리는 필요 없다고?

카이사르의 뒤를 이어 권력의 중심에 서다

짐은 로마 제국의 초대 황제 아우구스투스라는 칭호로 알려진 몸이니라. 고대 로마의 뛰어난 정치가 카이사르의 양자로, 예전에는 옥타비아누스라는 이름으로 불렸지. 어깨를 나란히 했던 라이벌 안토니우스와 클레오파트라의 연합 함대를 쓰러뜨리고 가장 높은 자리에 올랐을 때 존엄자를 뜻하는 '아우구스투스' 칭호를 얻게 되었노라.

퀴즈 | **실력자 3명이 국가 권력을 쥔 고대 로마의 정치 체제는?**

❶ 삼자회담　　❷ 삼인위원회　　❸ 삼권분립　　❹ 삼두정치

정답 | ❹ 옥타비아누스도 삼두정치 위원 중 하나였지만, 마지막에 승리했어요.

아문센이 남극점에 도달한 날
12월 14일
1911년

남극

현대

여기쯤

■ 있음
□ 없음

남극점에 가보고 싶어!
목숨을 걸고 여행한 탐험가

노르웨이에 로알 아문센이라는 탐험가가 있었어요.
아문센은 처음으로 남극점에 도달한 사람으로 유명해요.

누구보다 빨리 남극점 도달 목표를 달성하다

인류가 밟지 못한 최후의 대륙으로 발견된 남극대륙에서도 가장 남쪽인 남극점 도달을 목표로 세운 탐험가 중 한 명이 아문센이었어요. 아문센은 4명의 대원과 함께 개 썰매를 타고 출발했어요. 도중에 거친 눈보라를 만나고 극심한 추위에 동상을 입기도 했지만, 포기하지 않고 나아가서 출발한 지 단 2개월 만에 남극점에 도착했어요.

퀴즈

**지구의 3극점(남극, 북극, 에베레스트산)과
7대륙 최고봉에 모두 오른 세계 최초의 탐험가는?**

❶ 엄홍길　　❷ 김영미　　❸ 고상돈　　❹ 허영호

정답 | ❹ 1995년 12월 12일에 남극점에 도달했어요.

걸프 전쟁이 시작된 날

1월 17일

1991년 · 이라크 · 현대

여기쯤

■ 있음
□ 없음

국제연합 UN 결의에 찬성한
나라는 걸프 해안으로 모여라

이라크가 쿠웨이트를 침공하자 여러 나라가 단결했어요.
미국을 중심으로 다국적군*이 결성되어 이라크에 공중폭격을 쏟아부었죠.

깊은 밤이었지만 공중폭격 때문에 대낮처럼 밝았어.

펑펑

쉬이익

두두두두

불꽃놀이처럼 번쩍번쩍해!

다국적군이 이라크를 향해 공격 개시

이날 걸프 전쟁으로 불리는 큰 군사 충돌이 일어났어요. 계기는 1990년 8월 2일에 사담 후세인이 집권하던 이라크가 석유 자원 분쟁으로 쿠웨이트를 기습 공격했던 사건이었어요. 한 달 넘게 이어진 이 전쟁은 2월 28일에 다국적군의 승리로 끝났어요. 엄청난 피해를 본 이라크가 마지못해 전쟁을 멈추자는 결정을 받아들였던 거죠. 하지만 핵 개발 방지를 위한 조사는 거부했기에 경제적인 제한을 피할 수 없게 되었어요.

* 국제연합 결의안을 받아들여 미국을 포함한 34개국이 모여 결성한 군대예요.

퀴즈 걸프 전쟁에서 다국적군에 참가하지 않았던 나라는?

❶ 이탈리아　　❷ 프랑스　　❸ 일본　　❹ 이집트

정답 | ❸ 다국적군에 참가하지 않는 대신, 약 130억 달러의 자금을 지원했어요.

트리엔트 공의회가 열린 날
12월 13일

1545년
이탈리아
근세

■ 있음
□ 없음
여기쯤

프로테스탄트에 질 수 없어!
단결을 위한 공의회 개최

가톨릭교회는 종교 개혁을 일으킨 프로테스탄트에 대응하기 위해
'우리는 어떻게 행동해야 하는가?'를 함께 고민하고 단결하려고 했어요.

의견이 정리되기까지 무려 18년이나 걸리다

가톨릭교회 내부에서는 의견 대립이 오랫동안 이어졌어요. 마침내 북이탈리아의
트리엔드(트렌토)에서 종교회의를 열게 된 것이 이날이에요. 하지만 교회 내부와
외부의 정치적인 여건 때문에 교황이 모든 상황을 정리하지 못하면서 좀처럼 결론
이 나지 않았어요. 엎친 데 덮친 격으로 발진티푸스(급성 열성 질환)가 유행하는 바
람에 공의회*는 중단되었어요. 이후에도 열리면 휴정하기를 몇 차례 반복했고, 18
년이라는 시간이 지나고 나서야 겨우 의견을 모을 수 있었어요.

* 전 세계의 가톨릭교회 대표가 모여 종교 문제를 논의하는 회의예요.

퀴즈 트리엔트 공의회의 다음 공회의는 몇 년 뒤에 개최되었을까?

❶ 약 50년　　❷ 약 100년　　❸ 약 200년　　❹ 약 300년

정답 | ❹ 1846년에 바티칸 공의회가 열렸어요.

🎂 몬테스키외가 태어난 날

1월 18일

1689년
프랑스 | 근세

여기쯤
■ 있음
☐ 없음

권력이 한 사람에게 집중되면 안 돼요

"권력은 입법·사법·행정의 삼권으로 나누어 균형을 맞춰야 한다."
사상가 샤를 드 몬테스키외가 주장한 삼권분립론은 근대 헌법에 영향을 주었어요.

입법
(국회)

행정
(내각)

사법
(재판소)

권력은 나누고 서로 견제하는 것이 중요해.

삼권분립은 내 아이디어야

전제정치*는 문제가 많았어. 그래서 내가 제안했던 방법은 국가 권력을 입법(법을 정하는 것), 행정(법률에 따라 정책을 실행하는 것), 사법(법률 위반을 벌하는 것) 세 가지로 나누어서 각 기관에 임무를 맡기자는 내용이었지. 이를 삼권분립이라고 해. 근대 민주정치**의 기본이기도 하지.

* 권력이 특정 지위의 인물이나 집단에 집중되고, 독단적인 결정을 그대로 실행하는 정치를 말해요.
** 한 나라의 정치 방식을 결정하는 권리와 실행하는 권리가 국민에게 있으며 이에 따라 이루어지는 정치를 말해요.

★★★
퀴즈
몬테스키외가 삼권분립을 설명한 책은?
❶ 《사회계약론》 ❷ 《법의 정신》 ❸ 《국부론》 ❹ 《법의 철학》

정답 | ❷ 1748년에 발표했고, 완성하기까지 20년이 걸렸다고 해요.

뭉크가 태어난 날

12월 12일

1863년

노르웨이

근대

여기봐

■ 있음
□ 없음

불안과 고통을
그림으로 표현한 화가

뭉크는 어릴 적에 어머니와 누나를 여의고, 그림 공부로 유학을 떠나있던 사이에 아버지마저 돌아가셨어요. 뭉크의 작품에는 그 슬픔이 드러나요.

생생한 인간의 모습을 그리고 싶어!

죽음의 공포를 표현한 그림이 화제가 되다

나는 에드바르 뭉크야. 가족을 차례로 잃고 나도 건강하지 않았어. 그래서 언제나 죽음을 가까이 느꼈지. 나의 고독과 공포가 작품 속에 잘 나타나지? 내 대표작 〈비명〉처럼 말이야. 이 작품은 비명을 지르는 것이 아니라, 비명을 듣고 귀를 막은 장면이야. 유학 중에 아버지가 세상을 떠난 뒤에는 '이제부터는 생생한 인간을 그리자'라고 다짐하고 밝은 그림도 그리려고 했어.

퀴즈 | **뭉크가 그림을 배우러 유학한 나라는?**

❶ 파리   ❷ 런던   ❸ 오슬로   ❹ 뉴욕

정답 | ❶ 노르웨이에서 열렸던 개인전이 좋은 평가를 받아서 파리에서 1년 동안 데생을 배울 수 있는 장학금을 받았어요.

독일의 비행선이 영국을 공습한 날

1월 19일

1915년 ──────
독일   현대
여기쯤
■ 있음
□ 없음

한밤의 어둠을 틈타
신형 비행선이 등장하다

고속 이동이 가능한 독일의 체펠린형 비행선이 영국을 공격했어요.
경험한 적 없는 하늘에서의 폭격은 시민들을 공포에 떨게 했죠.

새로운 전쟁 방법이 된 공중폭격

제1차 세계대전 중 독일이 영국 본토를 공습했어요. 사용된 무기는 체펠린 비행선으로, 가스를 가득 채운 풍선 같은 주머니가 그대로 비행선의 몸통이 된 점이 당시의 일반 비행선과 달랐어요. 알루미늄 선체에 가스주머니를 넣은 구조라서 대형화와 고속 비행이 가능했죠. 바다를 건너와 모습을 드러낸 독일의 이 비행선에 영국 국민들은 경악했어요. 그 후 공중전에 취약한 비행선은 점차 줄었고, 대형 폭격기가 그 자리를 차지하게 되었어요.

★★★ 퀴즈	비행선의 명칭인 체펠린은 어디에서 유래했을까?			
	❶ 사람 이름	❷ 도시 이름	❸ 나라 이름	❹ 금속 이름

정답 | ❶ 이 비행선을 개발한 독일 군인 페르디난트 폰 체펠린 백작의 이름이에요.

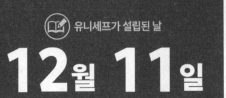

12월 11일

모든 아이에게 행복을! 어린이를 지키는 기관

유니세프는 제2차 세계대전이 끝난 뒤에 승리나 패배와 상관없이
모든 나라의 아이들을 즉시 구출하기 위해 만들어진 조직이에요.

상징 마크에 담긴 기도

이날 전 세계 아이들의 생명과 권리를 지키기 위해 활동하는 기관인 유니세프가
만들어졌어요. 세계 각국의 대표가 모여서 아이들이 겪고 있는 여러 문제를 해결
하기 위해 고민해요. 유니세프의 상징 마크는 평화를 의미하는 올리브 나뭇잎이
지구를 감싸고 그 안에서 아이를 안아 올리는 모습인데, 아이들의 몸과 마음이 건
강하게 자라길 바라는 마음이 담겨 있다고 해요.

★★★ 퀴즈	현재 전 세계에서 유니세프가 활동하는 지역의 숫자는?		
	❶ 약 150개	❷ 약 190개	❸ 약 200개

정답 | ❷ 190개 나라와 지역에서 활동하고 있어요.

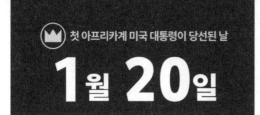

첫 아프리카계 미국 대통령이 당선된 날

1월 20일

이 나라는 바꿀 수 있어요, 우리가 바꿉시다

변화를 호소하며 제44대 미국 대통령 선거에서 승리한 버락 오바마는 아프리카계, 유색 인종, 하와이 출신이었어요. 그는 2017년 1월 20일까지 2번에 걸친 8년의 재임 기간 동안 대통령 역할을 잘 해냈어요.

우리는 할 수 있다!

위 캔 체인지!!

최초의 아프리카계 미국인 대통령

나는 버락 오바마입니다. 이날은 미국 역사에서 기념할 만한 날이 되었습니다. 처음으로 아프리카계 미국인이 대통령으로 당선된 날이기 때문입니다. 미국은 여전히 인종차별이 심한 나라였기에 깜짝 놀랄만한 사건이었습니다. 난 국민의 기대에 보답하기 위해 여러 가지 개혁에 도전했습니다. 핵무기 금지에 대한 입장을 분명히 밝혀서 노벨평화상도 받았습니다.

퀴즈 제46대 바이든 대통령이 오바마 정권에서 맡았던 직책은?

❶ 부대통령 ❷ 보좌관 ❸ 국방장관 ❹ 보도관

정답 | ❶ 오바마 정권의 1기와 2기, 총 8년간 부대통령 자리를 지키며 대통령을 도왔어요.

인류를 위해
노벨상을 만든 화학자

화학자인 알프레드 노벨은 화약 관련 제품을 파는 아버지의 바람을 이루어주기 위해 새로운 폭약을 개발했어요. 폭약은 광산이나 석탄 채굴 작업에 필요했지만, 전쟁에서 사용되는 경우도 많았어요.

> 내 유산으로 우수한 연구자를 칭찬해 주는 행사를 만들어 줘.

평화를 바라며 전 재산을 기부하다

내가 처음으로 개발한 폭약은 툭하면 터졌어. 아버지 공장까지 폭발했지. 그래서 쉽게 터지지 않는 안전한 폭약으로 '다이너마이트'를 개발했어. 다이너마이트는 엄청나게 팔렸지만, 내 뜻과 달리 전쟁터에서 사용되어 너무 슬펐어. 그래서 내 재산을 인류에게 공헌한 사람들에게 나누어 주라고 유언을 남겼어.

 ★★★
퀴즈 **노벨이 평화를 바라는 마음에서 만든 세계적인 상은?**

❶ 아카데미상　　❷ 울프상　　❸ 노벨상　　❹ 그래미상

정답 | ❸ 해마다 노벨의 사망일에 수여식이 이루어지고, 수상자에게는 메달과 상장이 전달되어요.

루이 16세가 처형된 날

1월 21일

1793년

프랑스 · 근대

여기쯤

■ 있음
□ 없음

아무리 국왕이라도 조국을 배신한 것은 중죄

재정난이 심각해지자 왕정에 대한 불만은 하늘을 찔렀고, 결국 프랑스 혁명이 일어났어요. 마지막까지 저항한 루이 16세는 국민을 배신한 죄로 처형당했어요.

절대왕정을 뒤엎은 프랑스 혁명

당시 프랑스의 재정은 전쟁과 농작물 흉작으로 벼랑 끝에 몰린 궁핍한 상황이었어요. 국왕 루이 16세가 떠올린 해결 방법은 귀족에게 세금을 걷는 것이었죠. 그런데 이게 갈등의 씨앗이 되었어요. 귀족은 반발했고 민중까지 합세해서 국왕에게만 권력이 집중된 절대왕정을 무너뜨리려는 움직임이 생겼어요. 이러한 흐름으로 일어난 사건이 바로 프랑스 혁명이에요. 결국 루이 16세는 국왕 자리에서 내려와야 했고, 처형당했어요.

퀴즈 | 루이 16세의 아내(왕비) 마리 앙투아네트의 출신 국가는?

❶ 영국 ❷ 독일 ❸ 스위스 ❹ 오스트리아

정답 | ❹ 오스트리아 대공 마리아 테레지아의 딸로 태어났어요.

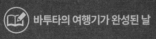

1357년
모로코
중세

■ 있음
□ 없음

여기쯤

여행 기록을 남겨서
가이드북을 만들어야지

모로코의 탕헤르에서 태어난 이븐 바투타는 22살 때
이슬람교의 성지인 메카로 순례 여행을 떠났어요.

몇 번이나 대륙을 여행한 바투타

모로코에서 출발한 바투타는 북아프리카부터 이집트, 시리아를 거쳐 메카를 순례
했어요. 그리고 현재의 이란, 이라크, 튀르키예 주변을 어행한 뒤 인도의 델리에서
8년 정도 지냈어요. 인도네시아의 수마트라섬과 중국의 베이징에도 갔다가 다시
인도, 시리아, 이집트를 통과해서 모로코로 귀국했어요. 이 여행 과정을 정리한 것
이 《이븐 바투타 여행기》라는 책이에요.

퀴즈 | **바투타는 평생 몇 년이나 여행했을까?**

❶ 약 8년 ❷ 약 10년 ❸ 약 20년 ❹ 약 30년

정답 | ❹ 65년의 생애 중 무려 약 30년이나 여행을 했어요.

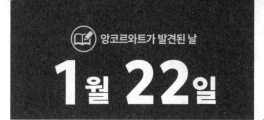

옛 왕조의
사원 유적을 발견하다

앙코르 왕조의 대표적인 유적 앙코르와트는 아름다운 조각 장식이 특징이에요.
유럽에 그 존재가 알려지자 얼마 지나지 않아 세계적으로 유명해졌어요.

> 이 건축물이 전부
> 돌로 만들어졌다니!

문화유산이 된 힌두교 사원

박물학자 앙리 무오가 캄보디아 북서부에 있는 앙코르와트에 도착한 날이 바로 이
날이에요. 앙코르와트는 앙코르 왕조* 시대에 건축된 힌두교 사원의 유적이에요.
동서 1,500미터, 남북 1,300미터의 규모를 자랑하는 거대한 석조 건축물이죠. 지
금은 앙코르 왕조 이외 시대의 유적과 함께 세계문화유산으로 등록되었어요.

* 9~15세기에 존재했던 크메르인(캄보디아를 건국한 민족)의 왕조예요.

 ★★★
퀴즈 **현재 캄보디아의 수도는?**

❶ 방콕   ❷ 프놈펜   ❸ 비엔티안   ❹ 하노이

정답 | ❷ 정치·경제·문화의 중심지로 프랑스 식민지였던 시대에 수도가 되었어요.

존 레넌이 암살된 날

12월 8일

1980년
미국
현대

■ 있음
□ 없음

여기쯤

슈퍼스타의 죽음으로
전 세계가 슬픔에 잠기다

존 레넌의 사망 소식에 전 세계 사람들이 슬퍼했어요.
미국 전 지역의 방송국은 최초 보도를 접하자,
즉시 모든 방송을 중단하고 존 레닌 소식으로 특집 방송을 내보냈어요.

팬의 손에 살해된 존 레넌

이날 세계적으로 유명한 아티스트였던 비틀스의 멤버 존 레넌이 총을 맞고 사망했어요. 이 사건은 미국뿐 아니라 전 세계를 놀라게 했어요. 범인이 존의 열광적인 남성 팬이라는 사실도 충격이었어요. 그 남성은 존 레넌의 집 앞에서 기다리다가 차에서 내리는 순간을 노려 총을 쐈어요. 범인이 쏜 총알 5발 중 4발이 존 레넌에게 명중했다고 해요. 범인은 사건 몇 시간 전에 존 레넌에게 말을 걸고 앨범에 사인까지 받았다고 해요.

퀴즈 | 존 레넌의 아내는?

❶ 오노 요코　　　❷ 오다 요코　　　❸ 시마 요고

정답 | ❶ 존 레넌이 살해되었을 때 오노 요코도 함께 있었어요.

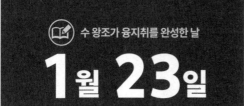

도시와 지방을 운하로 연결하면 식료품 운송도 OK!

중국 전 지역을 통일한 수 왕조는 큰 강에서 갈라지는 여러 운하(인공적으로 만든 수로)를 건설했어요. 운하는 물자를 운송하거나 전쟁을 위해 개발한 거예요.

대륙의 남북을 물길로 잇는 융지취

중국을 재통일한 수 왕조는 도시와 식량 생산력이 높은 지방을 연결하기 위해 큰 강에서 갈라진 운하를 많이 건설했어요. 융지취(영제거)도 그중 하나인데, 완성하기까지 100만 명이 동원되었대요. 현재 베이징에서 남부의 항저우까지 뻗어있는 대운하의 전체 길이는 1,789킬로미터로, 대부분 13~17세기인 원나라와 명나라 시대에 완성했다고 해요.

퀴즈 | 중국의 대운하가 흐르지 않는 성은?

❶ 허베이 　　❷ 산둥 　　❸ 쓰촨성 　　❹ 저장

정답 | ❸ 허베이, 산둥, 장쑤, 저장 4개 성을 남북으로 흐르고 있어요.

1941년

미국

현대

■ 있음
□ 없음

여기쯤

석유 수입을 거부당한
일본의 선전포고

중국과 동아시아로 세력을 뻗어나가던 일본군의 방식을
미국과 영국은 좋게 생각하지 않았어요.

진주만을 공격한다!

진주만 공격, 태평양 전쟁의 시작을 알리다

중일전쟁이 오래 이어지면서 일본은 석유를 비롯한 군사 물자가 바닥났어요. 일본은 자원을 확보하려고 유럽 식민지였던 동남아시아에 눈독을 들었어요. 그런데 이를 못마땅하게 여긴 미국과 영국, 중국, 네덜란드는 일본에 대한 전략물자 수출을 금지하기로 했어요. 여기에 석유가 포함되었는데, 일본은 대부분의 석유를 미국에서 수입하고 있었어요. 일본은 미국에 석유 공급을 해달라고 요구했지만, 잘 이루어지지 않았어요. 그래서 이날 미국 해군기지가 있는 하와이의 진주만을 일본이 공격하면서 태평양 전쟁이 시작되었어요.

★★★ 퀴즈 | **일본군이 공격한 진주만은 무슨 섬에 있을까?**

❶ 하와이섬　　❷ 마우이섬　　❸ 오아후섬　　❹ 라나이섬

정답 | ❸ 진주만은 하와이의 오아후섬 남부에 있는 항구예요. 미국 해군의 군사 거점이지요.

골드러시의 유래가 된 날

1월 24일

1848년

미국

근대

여기쯤

■ 있음
□ 없음

대박! 강바닥에서 사금을 발견하다니

강바닥에 잠들어 있던 사금의 존재가 알려지자
금을 캐려는 수많은 사람들이 캘리포니아로 우르르 몰려갔어요.

3가지 다른 그림을 찾아라!

금을 찾아 달려라

캘리포니아에 있는 어느 농장에서 일하던 한 일꾼이 아메리칸강 바닥에서 사금을 발견했어요. 사금은 모래처럼 작은 알갱이 상태인 금을 말해요. 이걸 잔뜩 모으면 비싼 금덩어리가 되겠죠. 이 소문이 퍼지자 많은 사람들이 캘리포니아로 앞다투어 달려갔어요. 이를 '골드러시'라고 해요. 그리고 이날을 골드러시 데이라고 부른답니다. 그런데 처음 사금을 발견한 일꾼은 너무 많은 사람을 불러들였다는 이유로 농장 주인에게 쫓겨나고 말았대요.

더 이상 지배받기 싫어!
영국에 저항한 섬나라

제1차 세계대전 후 영국은 무력으로도 아일랜드를 지배할 수 없게 되었어요.
마침내 아일랜드가 자치권을 쟁취한 거예요.

싹둑

싹둑

영국에서 독립할 거야!

영국의 지배에서 벗어나 자치권을 획득하다

아일랜드는 몇 세기에 걸쳐 영국에 지배받으며 고통을 겪었어요. 제1차 세계대전
이 끝난 뒤 영국에 대한 반발은 징짐을 찍었고, 여기지기에서 내전이 일어났어요.
군대를 투입해도 분쟁을 잠재울 수 없었던 영국은 토지를 북부 얼스터 지역(지금
의 북아일랜드)과 그 외 지역으로 나누고, 자치권을 인정하는 아일랜드 자치법을 만
들었어요. 그리고 이날 얼스터를 제외한 지역이 자유국으로 독립하고 정식 국명을
아일랜드로 정했어요.

 퀴즈 | 아일랜드는 어디에 있을까?

❶ 북아메리카　　❷ 아시아　　❸ 유럽　　❹ 아프리카

정답 | ❸ 북서유럽에 있는 아일랜드는 섬나라예요.

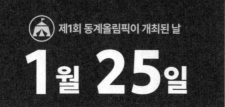

제1회 동계올림픽이 개최된 날

1월 25일

1924년

프랑스

현대

■ 있음
□ 없음

여기쯤

여름에 하면, 겨울도 해야지!
최초의 동계올림픽

스키, 스케이트, 컬링 등 겨울을 대표하는 경기 종목을 겨루는
동계올림픽은 프랑스 샤모니에서 처음 열렸어요.

첫 동계올림픽을 개최한 샤모니 마을

유럽의 알프스산맥에서 가장 높은 봉우리인 몽블랑 산자락에 자리 잡은 샤모니 마을에서 제1회 동계올림픽이 열렸어요. 1924년 1월 25일부터 2월 5일까지, 16개국 258명의 선수가 9개 종목에서 16개 경기를 치렀어요. 사실 이 대회는 '국제 동계 스포츠 주간'이라는 행사로 진행되었는데, 행사가 큰 성공을 거둬 다 끝난 뒤에서야 제1회 동계올림픽 대회로 인정받았어요.

퀴즈

제1회 동계올림픽에서 단 한 종목이었던 여자 경기는?

❶ 스키 점프　　❷ 스피드 스케이트　　❸ 피겨 스케이트　　❹ 컬링

정답 | ❸ 2회 대회부터 3연속 우승한 노르웨이의 소냐 헤니 선수가 11살의 나이로 첫 출전을 했어요.

새로운 애니메이션 주인공은 생쥐 어때?!

애니메이션 영화를 만들려면 돈이 아주 많이 필요해요. 입에 풀칠하기도 힘든 상황 속에서도 애니메이션 영화를 포기하지 않았던 월트 디즈니를 구한 것은 생쥐였어요.

우리의 가장 큰 재산은 동심이다.

한 마리의 생쥐가 세계인에게 꿈을 선물하다

여러분 안녕하세요, 나는 월트 디즈니라고 해요. 모두 미키마우스를 한 번쯤은 들어봤을 거예요. 미키마우스의 모델은 내가 조그만 방 귀퉁이에 틀어박혀 홀로 애니메이션을 만들던 때에 나타난 생쥐였죠. 미키마우스가 성공한 덕분에 새로운 기술을 시도하며 멋진 애니메이션을 많이 만들 수 있었어요. 미키마우스 시리즈인 〈증기선 윌리〉는 애니메이션 영화에 목소리와 음악을 입힌 세계 최초의 작품이에요.

퀴즈 | 미키마우스와 친구들을 만날 수 있는 테마파크는?

❶ 레고랜드 ❷ 썸머랜드
❸ 유니버설 스튜디오 ❹ 디즈니랜드

정답 | ❹ 디즈니랜드가 처음 생긴 곳은 미국의 캘리포니아였어요.

인도가 공화국이 된 날

1월 26일

1950년 — 인도 — 현대

■ 있음
□ 없음

여기쯤

독립 성공, 헌법 완성!
지금부터 인도는 공화국

영국의 국력이 쇠퇴하자 전 세계 식민지에서 독립의 움직임이 싹텄어요.
인도는 제2차 세계대전 후 독립을 이뤄내서 인도 공화국*이 되었어요.

화려한 축제가 열리는 인도 공화국기념일

1947년에 영국에서 독립한 인도는 1949년에 헌법을 제정했어요. 이날부터 공화
국으로 다시 태어났지요. 해마다 기념일이 다가오면 각 지역에서 다양하고 화려한
축제가 열려요. 수도 뉴델리의 행사는 특히 장관인데, 육군이 참여하는 군사 퍼레
이드에 더하여 민족의상을 입고 한껏 치장한 사람들의 연주와 춤까지 볼 수 있어요.
축제용 수레와 코끼리 행진도 있어서 전 세계에서 많은 관광객이 찾는답니다.

* 특정한 개인(왕)이 아니라, 국민의 공통 이익을 추구하는 정치체제를 선택한 나라를 말해요.

 퀴즈 | **인도를 상징하는 동물은?**

❶ 코끼리   ❷ 코뿔소   ❸ 벵골호랑이   ❹ 공작

정답 | ❸ 신화와 전설에 등장하는 호랑이는 인도 사람들에게 신앙의 대상이기도 해요.

갑신정변이 일어난 날

12월 4일

1884년

조선

근대

□ 있음
■ 없음

여기쯤

친청을 쓰러뜨리려는
친일파의 쿠데타

이날 서울의 왕궁에서는 정권의 핵심 인물들이 우정국 개국 기념식을 열고 있었어요.
이 축하 연회에서 급진개화파가 반역을 일으켰어요.

일본을 통해 새 문물을 배워서
독립 국가를 세우자!

VS.

청나라 도움을 받는 지금도 괜찮다!

둘로 나뉜 조선, 온건개화파 vs. 급진개화파

당시 조선은 온건개화파(친청 세력)와 급진개화파(친일 세력)로 나뉘어 있었어요.
급진개화파인 김옥균과 박영효는 '청나라의 영향을 끊어내고 서구식으로 근대화
를 해야 조선이 독립할 수 있다'라고 주장했어요. 그래서 온건개화파를 쓰러뜨리
고 정권을 잡으려고 쿠데타를 일으켰어요. 급진개화파는 궁을 점거하고 온건개화
파들을 살해했어요. 하지만 금세 반격당했고, 궁궐에 틀어박혀 있다가 3일 만에
청나라 군대에 진압되어 실패로 끝났어요.

퀴즈

김옥균과 사이가 좋았던 사람은?

❶ 나츠메 소세키
❷ 후쿠자와 유키치
❸ 노구치 히데요
❹ 도쿠가와 이에야스

정답 | ❷ 조선을 근대화시키고 싶었던 김옥균은 같은 생각을 한 후쿠자와 유키치와 가까워졌어요.

홀로코스트 기념일을 정한 날

1월 27일

2005년
세계 여러 나라 ┃ 현대

■ 있음
□ 없음

이런 일은 두 번 다시 일어나면 안 돼

제2차 세계대전 중에 나치가 저지른 유대인 대량학살인 홀로코스트는 국제연합에서 2005년에 그때의 희생자를 기리는 국제기념일을 정했어요.

맞아요!!!

절대로 있어서는 안 되는 일입니다!

600만 명 이상 살해당한 홀로코스트

제2차 세계대전 중에 나치 독일은 유대인을 모조리 없애는 말살 정책을 결정하고, 홀로코스트를 통해 많은 사람들의 목숨을 빼앗았어요. 이런 끔찍한 일이 두 번 다시 벌어지지 않도록 국제연합은 이날을 '홀로코스트 희생자를 기리는 국제기념일'로 정했어요. 1945년 1월 27일에 홀로코스트의 핵심 시설 중 하나였던 아우슈비츠 강제수용소*가 해방된 것을 기념한 거예요.

* 대량 학살을 위한 가스실이 있어서 희생자 600만 명 중 110만 명이 이곳에서 살해당했어요.

★★★
퀴즈 아우슈비츠 강제수용소가 있던 나라는?

❶ 독일 ❷ 오스트리아 ❸ 헝가리 ❹ 폴란드

정답 | ❹ 독일의 점령지였던 폴란드 남부 지역에 지어졌어요.

몰타 회담이 끝난 날

12월 3일

1989년

몰타

현대

■ 있음
□ 없음

여기쯤

이제 싸움을 멈추자!
대립에서 협조의 세계로

제2차 세계대전 후 미국과 소련은 40년 이상 냉전 상태로 지냈어요.
두 나라의 냉전을 끝낸 것은 몰타 회담이었어요.

화해하고
새로운 시대로!

40년이나 계속된 냉전이 드디어 끝나다

미국과 소련은 어느 쪽이 세계 리더 자리를 거머쥘 것인가라는 문제로 계속 대립
했어요. 무력은 사용하지 않았지만, 경제와 외교와 같은 여러 분야에서 갈등을 겪
고 있었어요. 그런데 이날 미국의 부시 대통령과 소련의 고르바초프 최고회의 의
장 겸 당서기장이 지중해의 몰타섬 앞바다에 정박해 있던 소련 여객선 안에서 수
뇌부 회담을 진행했어요. 여기서 앙숙처럼 지내던 관계를 끝내고 협력하자는 약속
을 주고받았어요.

★★★
퀴즈   냉전이 끝난 뒤 소련은 무슨 나라로 바뀌었을까?

❶ 프랑스   ❷ 러시아 연방   ❸ 캐나다   ❹ 독일

정답 | ❷ 몰타 회담 2년 후 쿠데타 등에 의해 소련이 국가로서의 기능을 잃고 러시아 연방이 되었어요.

1841년
영국 근대
여기쯤
■ 있음
□ 없음

나일강의 근원이 이런 곳에 있었다니

행방불명됐던 탐험가 리빙스턴을 구조한 미국의 신문기자이자 탐험가인 스탠리는 리빙스턴의 의지를 이어받아 나일강이 시작되는 근원지(물줄기가 나오기 시작하는 곳)를 찾아내서 유명해졌어요.

아프리카에서 가장 긴 나일강의 근원지를 찾아라

기자이면서 탐험가인 나 헨리 모턴 스탠리는 실종 상태였던 탐험가 리빙스턴을 찾아냈어요. 그리고 리빙스턴이 사망한 후에 그의 뜻을 이어받아 나일강의 본줄기를 찾던 중 강의 근원지로 여겨지는 루웬조리 산지를 맨 처음 발견했어요. 그래서 루웬조리 산지에서 가장 높은 산에 '스탠리'라는 이름이 붙었어요.

퀴즈 ★★★ **당시 유럽에서 미지의 땅이었던 아프리카의 별명은?**

❶ 암흑 대륙　　❷ 어둠의 대륙　　❸ 밤의 대륙　　❹ 공포 대륙

정답 | ❶ 유럽인들은 광활한 미개척 토지였던 아프리카에서 암흑을 떠올렸어요.

👑 나폴레옹의 황제 즉위식이 열린 날

12월 2일

1804년
프랑스
근대

여기쫌

■ 있음
□ 없음

황금 왕관을 쓴
프랑스 영웅 나폴레옹

프랑스군의 사령관으로 영국을 비롯한 여러 나라와 전쟁을 벌인
영웅 나폴레옹 보나파르트가 이날 황제를 나타내는 황금 왕관을 머리에 썼어요.

카리스마만 있게?
머리도 좋지!
나를 따르라!

히힝~!

군인·정치가로서 활약한 인기인

이 몸이 군대를 이끌던 시절, 왕실과 귀족은 사치에 빠져 살았지. 그 탓에 국민들
은 먹고살기도 힘들었어. 그래서 나는 왕을 끌어내리려고 프랑스 혁명을 일으켰어.
하지만 국민들의 생활은 별반 달라지지 않아서 군대의 힘으로 의회를 해산시키고
내가 가장 높은 자리에 오르게 된 거야. 새로운 헌법과 많은 법률을 만든 나는 국민
들에게 인기가 많았어.

퀴즈 | **나폴레옹이 황금 왕관을 쓴 의식을 뭐라고 할까?**

❶ 왕위계승식　　❷ 수여식　　❸ 대관식　　❹ 축하 의식

정답 | ❸ 황제의 증표인 황금 왕관을 썼을 때 나폴레옹은 겨우 35살이었어요.

푸시킨이 사망한 날 (율리우스력)

1월 29일

1837년

러시아 제국

근대

□ 있음
■ 없음

여기쯤

내 아내에게 관심을 보이다니, 결투다!

시인이자 소설가인 알렉산드르 푸시킨은 쉽고 익숙한 단어로 쓰인 독창적인 문장어를 확립해서 러시아 근대 문학의 기틀을 만들었다고 평가받아요. 그의 마지막은 부인 때문에 시작된 결투였지만요.

아내를 지키려다 죽음을 맞이한 푸시킨

러시아 근대 문학의 창시자라고 불리는 푸시킨은 자신의 아내 나탈리야에게 집요하게 관심을 쏟는 단테스라는 사관(전문 교육을 받은 군인)과 결투를 벌였어요. 그런데 이때 치명적인 총상을 입어 이틀 뒤 숨을 거두고 말았어요. 당시 푸시킨이 황제의 전제정치에 반발했던 적이 있어서 그의 죽음에 황제의 세력이 관여했다는 소문이 있었어요.

퀴즈 푸시킨의 이름을 딴 도시가 있는 러시아의 주는?

❶ 아무르주   ❷ 레닌그라드주   ❸ 모스크바주   ❹ 블라디미르주

정답 | ❷ 젊은 시절에 이 지역에서 공부해서 레닌그라드주 상트페테르부르크 지역에 푸시킨이라는 이름을 붙였어요.

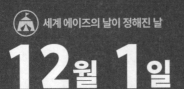

세계 에이즈의 날이 정해진 날

12월 1일

악명 높은 에이즈, 제대로 알고 예방하자

일찍이 세계적으로 유행하고, 죽음의 병으로 악명 높았던 에이즈 감염자에 대해 차별하거나 편견을 지닌 사람도 적지 않았어요.

올바른 지식과 배려하는 마음을 갖자.

에이즈에 대한 정확한 지식을 알기 위한 날

1980~90년대에 에이즈에 걸린 많은 사람이 목숨을 잃었어요. 당시에는 에이즈가 어떤 병인지 제대로 알지 못해서 치료제노 없었어요. 게다가 사람에게서 옮는 병이라는 이유로 에이즈 환자는 차별과 편견의 고통까지 감당해야 했지요. 그래서 에이즈의 세계적인 유행을 예방하고, 올바른 지식을 익혀서 차별과 편견을 없애자는 뜻을 담아 세계보건기구(WHO)가 '세계 에이즈의 날'을 정했어요.

퀴즈 | 세계 에이즈의 날의 상징은 뭘까?

❶ 빨강 리본   ❷ 핑크 리본   ❸ 노랑 리본   ❹ 주황 리본

정답 | ❶ 빨강 리본은 에이즈에 대한 편견이 없다는 뜻을 나타내요.

간디가 암살당한 날

1월 30일

1948년 ──── 현대

인도

■ 있음
□ 없음

여기쯤

폭력은 절대 반대!
복종 또한 거부!

'마하트마(위대한 영혼)'라는 존경이 가득한 이름으로 추앙받는 인도의
정치가 마하트마 간디는 비폭력주의를 주장하며 인도를 독립으로 이끌었어요.

비폭력주의로 인도를 독립으로 이끈 간디

영국의 식민지였던 인도를 독립시키기 위해 나는 비폭력·불복종 운동을 펼쳤어.
힘겹게 독립은 이루어냈지만 종교 대립 때문에 힌두교를 믿는 인도와 이슬람교를
믿는 파키스탄으로 다시 갈라졌지. 생각지도 못한 일이 벌어진 거야. 나는 힌두교
와 이슬람교의 갈등을 중재하려고 했지만, 내 뜻을 헤아리지 않은 과격한 힌두교
도에게 결국 암살당했어.

퀴즈   간디의 원래 직업은?

❶ 정치가   ❷ 의사   ❸ 변호사   ❹ 회계사

정답 | ❸ 당시 영국령이었던 남아프리카에서 변호사로 활동했어요.

12월

1일	세계 에이즈의 날이 정해진 날
2일	나폴레옹의 황제 즉위식이 열린 날
3일	몰타 회담이 끝난 날
4일	갑신정변이 일어난 날
5일	월트 디즈니가 태어난 날
6일	아일랜드가 독립한 날
7일	태평양 전쟁이 일어난 날
8일	존 레넌이 암살된 날
9일	바투타의 여행기가 완성된 날
10일	노벨이 사망한 날
11일	유니세프가 설립된 날
12일	뭉크가 태어난 날
13일	트리엔트 공의회가 열린 날
14일	아문센이 남극점에 도달한 날
15일	에펠이 태어난 날
16일	보스턴 차 사건이 일어난 날
17일	라이트 형제가 유인비행에 성공한 날
18일	서진이 멸망한 날
19일	인도가 고아를 되찾은 날
20일	러시아 비밀경찰이 설립된 날
21일	파브르가 태어난 날
22일	〈운명〉과 〈전원〉을 공개 연주한 날
23일	백호관 회의가 열린 날
24일	줄이 태어난 날
25일	그리스도의 탄생을 기념하는 날
26일	마오쩌둥이 태어난 날
27일	파스퇴르가 태어난 날
28일	시칠리아섬에서 대지진이 일어난 날
29일	토마스 베케트가 암살된 날
30일	소련이 성립된 날
31일	영국이 동인도회사를 설립한 날

슈베르트가 태어난 날
1월 31일

1797년
오스트리아
근대

■ 있음
□ 없음

여기쯤

짧은 인생이었지만,
작곡한 곡은 어마어마해

〈마왕〉, 〈들장미〉라는 가곡을 발표한 프란츠 슈베르트는 젊은 나이에 병으로 세상을 떠났어요. 그가 유명해진 것은 세상을 떠난 뒤였어요.

얼마든지 작곡할 수 있지!

가곡의 왕 프란츠 슈베르트

내가 가곡 〈마왕〉과 〈들장미〉를 완성한 것은 18살 때였어. 그 뒤로도 교향곡과 피아노곡 등 여러 장르의 음악에 도전했는데, 역시 600곡 넘게 작곡한 가곡이 나의 대명사라고 할 수 있지. 31세에 일찍 눈 감은 건 아쉽지만, 죽어서도 계속 '가곡의 왕'으로 불리고 있다니 굉장히 뿌듯해.

퀴즈 슈베르트가 가곡으로 완성한 〈마왕〉과 〈들장미〉를 쓴 시인은?

❶ 괴테　　❷ 릴케　　❸ 보들레르　　❹ 랭보

정답 | ❶ 독일의 시인 괴테는 소설가, 자연과학자, 정치가 등 다양한 분야에서 활약했어요.

🎂 처칠이 태어난 날

11월 30일

1874년
영국
근대
여기쯤
■ 있음
□ 없음

영국은 내가 지킨다!
히틀러에게 승리한 처칠

제2차 세계대전에서 히틀러가 이끄는 나치당 독일과 싸워
영국을 지킨 총리가 있어요. 그의 이름은 윈스턴 처칠이에요.

나는 가장
위대한
영국인이다!

강한 의지로 국민을 지킨 수상

나는 제2차 세계대전 중에 영국의 총리가 된 윈스턴 처칠이라네. 그때는 나치인 독일의 히틀러가 유럽을 끊임없이 침략했고, 영국도 공격을 받아서 매우 힘든 상황이었이. 절대 굴복하지 않겠다는 강한 의지를 잃지 않았기 때문에 영국은 나치 독일을 이긴 거야. 나는 모자를 쓰고 담배를 입에 문 스타일을 선보였는데, 그 모습에 국민들은 안도감을 느꼈다고 해.

★★★
퀴즈

문학적 재능이 있던 처칠이 받은 상은?

❶ 노벨문학상　　❷ 부커상　　❸ 아쿠타가와상　　❹ 서점 대상

정답 | ❶ 문학적 재능이 넘쳤던 처칠은 《제2차 세계대전 회고록》으로 노벨문학상을 수상했어요.

2월

1일   컬럼비아호 사고가 일어난 날

2일   스탈린그라드 전투가 끝난 날

3일   미국이 쿠바에 수출금지 조치를 결정한 날

4일   페이스북이 오픈한 날

5일   멕시코에서 신헌법이 발표된 날

6일   베이브 루스가 태어난 날

7일   여포가 처형된 날

8일   미연합국 대통령이 선출된 날

9일   로마 공화국이 탄생한 날

10일   몽골군이 바그다드를 공격한 날

11일   에디슨이 태어난 날

12일   다윈이 태어난 날

13일   오렌지 공 부부가 영국 국왕으로 즉위한 날

14일   밸런타인데이의 유래가 된 날

15일   갈릴레이가 태어난 날

16일   카스트로가 수상으로 취임한 날

17일   브루노가 처형된 날

18일   진시황제가 태어난 날

19일   코페르니쿠스가 태어난 날

20일   해서가 감옥에 갇힌 날

21일   밴팅이 사망한 날

22일   워싱턴이 태어난 날

23일   캐스트너가 태어난 날

24일   스탈린 비판이 이루어진 날

25일   발렌슈타인이 암살된 날

26일   왕안석이 부재상이 된 날

27일   파리 만국박람회가 개최된 날

28일   이집트가 영국에게서 독립한 날

29일   영국이 자유무역을 포기한 날

* 4년마다 돌아오는 윤년에는 2월이 29일까지 있어요.

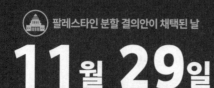

팔레스타인 분할 결의안이 채택된 날

11월 29일

1947년
세계 여러 나라
현대

■ 있음
□ 없음

언제쯤이면 우리에게도
나라가 생길까?

국제연합이 설립되었을 때 이스라엘과 팔레스타인이 모두 독립 국가로 존재하는 2국가 공존을 목표로 했어요. 하지만 아직도 이루어지지 못했어요.

여전히 나라가 없는 팔레스타인

제1차 세계대전 후 영국에게 통치받았던 팔레스타인은 제2차 세계대전이 끝날 무렵 영국이 위임 통치에서 벗어났어요. 국제연합은 이 땅을 아랍 국가인 팔레스타인과 유대인 국가인 이스라엘로 나누는 방법을 생각했어요. 그런데 이스라엘이 건국을 선포하자 주변 아랍 국가들이 반발하여 전쟁이 터졌고, 팔레스타인이라는 나라는 지금도 만들어지지 못했어요.

퀴즈

팔레스타인과 이스라엘이 있는 곳은 어디일까?

❶ 유라시아 대륙　　　　　　❷ 아프리카 대륙
❸ 남아메리카 대륙　　　　　❹ 호주 대륙

정답 | ❶ 아시아를 포함한 유라시아 대륙과 아프리카 대륙이 만나는 곳에 있기 때문에 여러 민족이 공존하고 있어요.

2월 1일

우주왕복선 사고에
전 세계가 비명!

우주 비행 임무를 마치고 귀환하던 우주왕복선 '컬럼비아호'가 재돌입* 중 갑자기 폭발하면서 공중분해 되었어요. 승무원 7명 전원이 사망한 참사로 기록되었어요.

고장으로 생긴 기체 손상이 원인

컬럼비아호는 역사상 처음으로 우주 궤도에 도달한 기념할 만한 우주왕복선이에요. 1981년부터 총 27번의 비행에 성공했어요. 이 비극적인 사건은 28번째 비행에서 일어났어요. 재돌입하면서 갑자기 기체가 공중분해 된 거예요. 컬럼비아호가 발사되었을 때 외부 연료 탱크에서 단열재의 파편이 떨어지며 왼쪽 날개를 강타하여 구멍을 낸 것이 가장 유력한 사고 원인이라고 해요.

* 우주 공간에서 대기권(지구를 둘러싼 대기 부분)에 진입하는 것을 말해요.

퀴즈 **실용화된 우주왕복선 중에서 사고로 사라진 것은?**

❶ 챌린저호   ❷ 디스커버리호   ❸ 애틀랜티스호   ❹ 엔데버호

정답 | ❶ 1986년 발사 후 73초 만에 폭발 사고가 났어요.

 마젤란이 태평양을 발견한 날
11월 28일

1520년
스페인
근세
여기쯤
■ 있음
□ 없음

대항해시대,
콜럼버스를 보고 꿈을 키우다

콜럼버스가 서인도제도, 바스쿠 다가마가 인도 항로를 발견했다는 소식을 듣고 꿈을 키운 남자가 있었어요. 포르투갈 사람이었던 페르디난드 마젤란이에요.

거친 파도도 없고, 바람도 한 점 없는 평온한 바다네.

태평양

처음으로 태평양을 발견한 항해사

대항해시대에 태어난 마젤란은 스페인 왕의 지원을 받아 세계 일주를 떠났어요. 먼저 남아메리카의 브라질로 향했고, 대륙을 따라 남쪽으로 나아간 뒤 서쪽으로 빠지는 바닷길을 찾았어요. 미로 같은 섬과 섬 사이를 나아가자 커다란 바다가 나타났어요. 바로 태평양이었지요. 다시 긴 항해를 이어간 마젤란은 괌섬에 도착했어요. 하지만 그 후 필리핀에서 전투에 휘말려 목숨을 잃어 세계 일주의 꿈은 물거품이 되었어요.

 퀴즈 마젤란과 일행이 통과한 바닷길을 뭐라고 부를까?
❶ 마젤란 해협   ❷ 마젤란 항로   ❸ 태평양 항로   ❹ 포트투갈 협곡

정답 | ❶ 남아메리카 대륙 최남단과 티에라델푸에고섬 사이에 있는 마젤란 해협은 대서양과 태평양을 연결하는 중요한 항로예요.

스탈린그라드 전투가 끝난 날
2월 2일

1943년 — 현대
소비에트 연방
☐ 있음
■ 없음
여기쯤

독일과 소련의 격돌!
어느 쪽도 물러날 수 없는 전쟁

소련의 지도자 스탈린의 이름이 붙은 중요 도시 스탈린그라드
(지금의 볼고그라드)에서 벌어진 전쟁은 독일군의 항복으로 끝났어요.

더 이상 싸울 힘이 없어!
팔락
팔락

제2차 세계대전의 흐름을 바꾼 전투

제2차 세계대전 중 독일을 중심으로 뭉친 추축국* 군대가 소련의 중요 도시인 스탈린그라드를 침공했어요. 하지만 소련군이 거센 저항으로 맞서면서 독일 장병 25만 명이 도시 안에 포위되고 말았지요. 결국 독일의 파울루스 지휘관이 생존자 9만 1,000명의 병사와 함께 항복했어요. 이 전투가 전환점이 되어 독일은 제2차 세계대전에서 졌어요.

* 일본·독일·이탈리아가 맺은 삼국동맹을 지지한 여러 나라를 말해요.

퀴즈 독일이 연합국에 항복해서 진 것은 언제일까?
❶ 1943년　　❷ 1944년　　❸ 1945년　　❹ 1946년

정답 | ❸ 1945년 5월 중앙정부의 존재를 인정받지 못했기 때문이에요.

📖 노벨상이 만들어진 날

11월 27일

1901년
스웨덴
현대
여기쯤
■ 있음
□ 없음

다이너마이트를 발명한 노벨의 유언

노벨은 발명으로 모은 재산을 세계의 연구자와
전문가의 노력을 기리기 위해 제공했어요.

인류를 위해 힘쓴 인물에게 빛나는 이 상을

알프레드 노벨은 다이너마이트를 발명했어요. 다이너마이트는 공사를 더 빠르고 안전하게 진행하기 위한 도구로, 도로와 터널을 만들 때 큰 효과를 발휘했어요. 하지만 다이너마이트가 전쟁의 살인 병기로 사용되어 많은 사람의 생명을 빼앗았어요. 이 사실에 깊은 상처를 받은 <u>노벨은 자신의 유산으로 세상에 도움이 되는 발명과 발견을 한 사람에게 상을 주라고 유언을 남겼어요.</u> 이렇게 노벨상이 태어났답니다. 물리학, 화학, 생리학·의학, 문학, 경제학, 평화로 나뉘는 6개 분야에 대해 상을 줘요.

퀴즈 | 노벨상의 수상식은 매년 언제 진행될까?

❶ 1월 1일　　　　❷ 11월 27일　　　　❸ 12월 10일

정답 | ❸ 노벨의 사망일인 12월 10일에 노벨상 수상이 이루어져요.

📖 미국이 쿠바에 수출금지 조치를 결정한 날

2월 3일

1962년
미국
현대

■ 있음
□ 없음

여기쯤

하마터면 제3차 세계대전이 터질 뻔했다?!

미국은 쿠바의 새로운 정권을 사회주의*라고 판단해서 수출입 등 모든 경제 교류를 금지하는 조치를 내리기로 했어요. 그러자 이에 대항하며 소련과 우호 관계를 형성한 쿠바 때문에 세계가 전쟁 코앞까지 내몰렸어요.

쿠바와 거래 안 할 거야!

뭐라고?!

핵전쟁이 현실로?!

1959년 쿠바에서 혁명이 일어나 사회주의적인 정권이 탄생했어요. 이 일이 못마 땅했던 미국은 쿠바 정부를 무너뜨리려고 압박했지만 실패했어요. 그래서 쿠바에 대한 수출금지 카드를 꺼내 들었어요. 이렇게 미국과 적대적 관계가 된 쿠바는 소 련과 군사 협정을 맺으면서, 급기야 그해 10월 미국과 소련이 서로를 향해 핵미사 일을 배치하는 등 제3차 세계대전에 들어선 심각한 상황이 펼쳐졌어요.

*모두 평등해지도록 돈과 땅을 국가가 관리하고, 개인은 관리하지 못하게 하는 것을 말해요.

쿠바와 긴박한 갈등이 이어졌던 시기의 미국 대통령은?

❶ F.D. 루스벨트 ❷ H.S. 트루먼 ❸ J.F. 케네디 ❹ R. 레이건

정답 | ❸ 제35대 대통령으로 재임 중이었던 케네디는 1963년에 암살당했어요.

🎂 칼 벤츠가 태어난 날

11월 26일

1844년

독일

근대

■ 있음
□ 없음

여기쯤

가솔린으로 움직이는 자동차를 발명하다

당시 사람들은 마차를 타고 이동하는 것이 일반적이었어요.
'더 편리한 이동 수단을 만들겠어'라는 목표를 갖고
가솔린 연료로 굴러가는 탈것을 만든 사람이 칼 벤츠예요.

자전거는 페달 밟기가 힘드니까 자동으로 움직이는 차를 만들고 싶어

마차에서 자동차로 교통수단을 바꾼 벤츠

나는 칼 벤츠야. 엔진 회사를 세워서 2사이클 엔진을 개발한 나는 연구를 거듭해 삼륜 자동차를 만드는 데에 성공했어. 그 후 다임러라는 기술자의 함께 다임러 벤츠라는 회사를 설립하여 계속해서 새로운 차를 만들어냈지. 다임러도 가솔린 자동차 개발에 성공했지만, 내가 먼저 특허를 취득해서 '자동차의 아버지'라고 불려.

★★★
퀴즈 | **다임러 벤츠의 차 브랜드 이름은?**

❶ 재규어 ❷ 메르세데스 벤츠 ❸ 포르쉐 ❹ 마이바흐

정답 | ❷ 다임러 벤츠라는 회사 이름은 없어졌지만, 메르세데스 벤츠는 지금도 인기 많은 고급 자동차 브랜드예요.

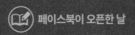 페이스북이 오픈한 날

2월 4일

2004년 ─────
미국
현대
■ 있음
□ 없음
여기쯤

거대 네트워크 서비스를 개발한 19살 대학생

30억 명이 넘는 사람들이 사용하는 페이스북은 인터넷으로
이용자들끼리 정보를 교환하거나 친구가 되어 교류하는 서비스예요.

지구 반대편 낯선 사람과도 이렇게 쉽게 소통할 수 있다니

전 세계 사람들이 이용하는 페이스북은 불과 19살의 대학생 손에서 태어난 인터넷 서비스예요. 13세 이상이면 무료로 이용할 수 있고, 지구 반대편에 사는 낯선 사람과 같은 취미와 화제에 관해서 이야기 나눌 수 있어요. 처음에는 학교 친구들끼리 인터넷으로 소통하기 위해 만들었는데, 곧 미국 학생들 사이에 퍼졌고, 지금은 전 세계 사람들이 사용하게 되었어요. 이 서비스를 악용하는 사람도 있어 페이스북은 불법 행위 단속에도 노력을 기울이고 있어요.

퀴즈 | **페이스북을 만든 사람은?**

❶ 마크 저커버그　　❷ 도널드 트럼프　　❸ 해리 포터

정답 | ❶ 2004년 당시 하버드 대학교에 다니던 19살의 대학생이었어요.

11월 25일

1960년
세계 여러 나라
현대

■ 있음
□ 없음

미라발 세 자매의
죽음을 잊지 말자

당시 도미니카공화국은 정치가이자 군인인 트루히요가 독재정치로
나라를 장악하고 있었어요. 어느 날 미라발 세 자매가 독재 정권에 저항하다가
살해당하는 사건이 일어났어요.

폭력   반대!

여성과 여자아이를 폭력에서 보호하는 날

도미니카공화국에서 태어난 미라발 세 자매는 몇 번이나 감옥에 잡혀가고, 고문을
받으면서 트루히요의 독재 정권에 맞서 투쟁했어요. 그러다 트루히요의 명령을 받
은 부하들에게 잔인하게 죽임을 당하고 말았어요. 세 자매의 죽음에 도미니카 국
민은 물론, 전 세계가 크게 분노했어요. 이 사건을 잊지 않도록 국제연합총회는 미
라발 세 자매가 목숨을 잃은 날을 여성에 대한 폭력을 추방하는 국제적 기념일로
정했어요.

퀴즈 | 여성에 대한 폭력을 철폐하는 국제적인 날의 상징색은?

❶ 노랑   ❷ 분홍   ❸ 주황   ❹ 보라

정답 | ❹ 이날이 되면 건물 등에 보라색 불빛을 비추는 행사가 진행되어요.

2월 5일

1917년

멕시코

현대

■ 있음
□ 없음

여기쯤

라틴아메리카
최초의 민주적인 헌법 탄생

멕시코에서 무려 35년 동안 권력을 장악했던
디아스 대통령의 독재 체제를 무너뜨리기 위한 혁명이 일어났어요.
그 결과 라틴아메리카 최초의 민주적인 헌법이 태어났어요.

시민 혁명을 성공으로 이끈 새 헌법

오랫동안 스페인의 식민지였던 멕시코는 1821년에 독립했어요. 그리고 1824년
에 최초의 헌법이 만들어졌어요. 그 후 1857년과 1917년에도 새 헌법이 제정되
며 독립 후 세 번째 헌법을 완성했어요. 새 헌법은 디아스 대통령의 독재 정권을 뿌
리 뽑으려고 1910년부터 시작된 멕시코 혁명을 성공시키는 결정타가 되었어요.
이때 현재 멕시코의 기틀이 마련되었어요.

태양의 피라미드로 유명한 멕시코의 고대도시는?

❶ 테오티와칸　　❷ 팔렌케　　❸ 치첸이트사　　❹ 우슈말

정답 | ❶ 기원전 2~6세기 무렵 존재했던 테오티우아칸 문명의 유적으로 세계문화유산이에요.

11월 24일

영국이 담배의 권리를 독점하자 이란 국민은 대 격노!

이란에서는 많은 사람이 담배를 피웠어요. 하지만 정부가 영국인에게 담배에 관한 모든 권리를 넘겨주자 국민들은 화가 머리끝까지 났어요.

담배 불매 운동으로 되찾은 권리

술이 금지된 이란에서는 담배가 민중의 즐거움이었어요. 하지만 민중을 통제하고 사유를 빼앗고 싶었던 국왕은 담배를 판매하고 수출할 권리(담배전매독점권)를 영국인 탈보트에게 모두 건네 버렸어요. 이에 반대한 담배 상인과 민중들은 담배 불매 운동을 시작했어요. 이 운동은 약 2년이나 계속되었고, 결국 국왕은 탈보트에게 주었던 권리를 취소했어요.

퀴즈	담배 판매권과 맞바꿔 국왕이 얻은 것은?		
❶ 술	❷ 돈	❸ 소	❹ 토지

정답 | ❷ 권리를 주는 대신 국왕은 담배 매출의 4분의 1을 챙겼어요.

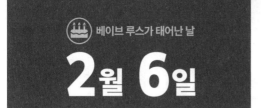

별명은 아기지만
야구방망이를 잡으면 세계 최고!

통산 홈런 숫자, 연간 홈런 숫자 등 메이저 리그의 여러 기록을 갈아치운
베이브 루스는 야구 역사에 길이 남은 원조 투수-타자 겸업(둘 다 가능한) 선수예요.

원조
투타겸업!

야구의 신이라 불리는
전설의 메이저 리거

나는 조지 하만 루스 주니어야. 덩치는 크지만 앳된 외모 때문에 별명이 '베이브(어린애)'야. 그래서 베이브 루스라고 불렸지. 보스턴 레드삭스에 입단했을 때는 투수였는데, 뉴욕 양키스로 이적한 후에는 타자 활동에 전념했어. <u>오타니 쇼헤이 선수보다 100년 전에 투수와 타자를 동시에 해내는 선수였지.</u> 많은 기록을 달성해서 '야구의 신'이라고 불리고 있어.

★★★ 퀴즈	당시 역대 1위였던 루스의 통산 홈런 숫자는?			
	❶ 714개	❷ 755개	❸ 762개	❹ 868개

정답 | ❶ 현재는 배리 본즈 762개, 행크 에런의 755개에 이어 역대 3위예요.

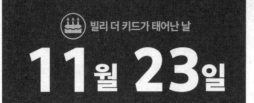

1859년
미국
근대
여기쯤

- ■ 있음
- □ 없음

🎂 빌리 더 키드가 태어난 날

11월 23일

서부 개척 시대의 영웅은 범죄자였다?!

빌리 더 키드는 서부 개척 시대에 사람을 21명이나 살해한 전설적인 무법자였어요.
하지만 서부극에서 영웅으로 그려지질 정도로 인기를 끌었어요.

빵!!

총 쏘는 솜씨라면 누구에게도 지지 않아.

강도와 살인을 반복했던 전설적인 악당

이 몸이 이름은 빌리 더 키드야. 대단한 솜씨의 총잡이로 알려진 남자라고나 할까.
12살 때 어머니를 모욕한 남자를 죽인 뒤부터 나의 범죄 역사가 시작되었어. 강도
나 살인 같은 흉악한 짓을 일삼았는데, 21살 때는 교도소에서 탈출도 했어. 내가
등장하는 영화가 50편 이상이나 되는데, 영화에서는 약한 사람을 도와주고 강한
사람을 꺾는 영웅으로 그려졌지.

퀴즈 교도소에서 탈주한 사실을 보도해서 키드를 유명하게 만든 것은?

❶ 신문　　　❷ 텔레비전　　　❸ 잡지　　　❹ 라디오

정답 | ❶ 미국 신문 〈뉴욕타임스〉는 키드가 교도소에서 도망친 사건을 보도했어요.

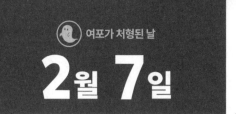

배신을 반복한 자는 배신으로 망한다

중국이 삼국시대였을 때 위, 오, 촉나라가 서로 힘을 겨뤘어요.
당시 최강의 장수로 칭송받던 사람이 여포예요. 우수한 말 적토마를 타고
전장을 누비던 여포는 무적의 장수로 유명했어요.

최강의 전사 여포

중국의 후한 시대가 끝날 무렵은 영웅들이 서로 왕좌를 차지하려고 싸우던 시대였
어. 강한 무사도 많았지. 그중에서도 최강의 사나이로 소문이 자자했던 사람이 바
로 나야. 그런데 욕망에 충실했던 게 유일한 약점이었달까. 같은 편까지 아랑곳하
지 않고 배신을 했더니 나중에 부하의 배신으로 목숨을 잃었어. 자업자득인 거지.

★★★
퀴즈 | **후한이 멸망한 뒤 중국을 통일한 나라는?**

❶ 위　　　　❷ 오　　　　❸ 촉　　　　❹ 진

정답 | ❹ 위나라를 차지하고 건국된 진나라가 삼국 중 남아있던 오나라를 멸망시키고 중국을 통일했어요.

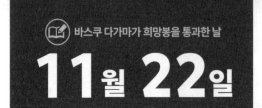

바스쿠 다가마가 희망봉을 통과한 날

11월 22일

1497년 포르투갈 — 근세
■ 있음 □ 없음
여기쯤

인도 항로 발견!
이젠 굶주리지 않아도 돼

포르투갈은 인도와 무역을 해서 재정 상황을 바로잡으려고 했어요. 그래서 국왕에게 인도로 가는 바닷길을 개척하라는 명령을 받은 사람이 바스쿠 다가마예요.

희망봉을 통과해서 인도로 간다!

신항로 개척이 나라를 구하다

나는 항해사 바스쿠 다가마야. 인도와 무역을 할 수 있도록 항로를 찾아내라는 명령을 받고 4척의 배를 꾸려 포르투갈에서 출발했어. 재정난에 허덕이던 포르투갈 왕실은 인도와 직접 무역을 하면 향신료와 금을 싸게 얻을 수 있으리라고 기대했거든. 그로부터 약 1년 후 아프리카의 남쪽 끝에 우뚝 솟은 희망봉을 지나서 무사히 인도에 도착했어. 내가 인도 항로를 발견한 덕분에 포르투갈은 풍요로워졌어.

퀴즈 | 항해사들이 연달아 신항로를 발견한 이 시대를 뭐라고 부를까?

❶ 신항로 시대
❷ 무역 시대
❸ 항로 개척 시대
❹ 대항해 시대

정답 | ❹ 대서양을 횡단하여 아메리카 대륙을 발견한 콜럼버스, 태평양을 횡단한 마젤란이 유명해요.

미연합국 대통령이 선출된 날

2월 8일

1861년
미국
근대

■ 있음
□ 없음
여기쯤

미국이 남북으로 나뉘면 대통령도 2명?!

노예제도를 반대하는 북부와 찬성하는 남부의 갈등은 골이 점점 깊어져서 전쟁으로 발전하고 말았어요. 결국 나라가 둘로 나뉘어 불꽃 튀는 싸움에 돌입하게 되었지요.

노예 반대!

딱 쿵

우씨

노예제도 대립으로 남북전쟁이 시작되다

공업화가 진행된 북부와 달리 남부는 노예 노동에 의지한 면화 재배가 산업의 중심이었어요. 그러던 중 노예제도를 반대하는 링컨이 대통령이 되었죠. 남부의 11개 주는 반발하며 미합중국(미국의 공식 명칭) 연방에서 탈퇴했고, 미연합국이라는 독립 국가를 꾸렸어요. 제퍼슨 데이비스는 미연합국의 첫 번째이자 유일한 대통령이에요. <u>당시 34개 주였던 미국은 북부 23주와 남부 11주로 갈라져서 같은 국민끼리 싸우는 남북전쟁이 시작되었어요.</u>

퀴즈

미합중국의 주는 현재 몇 개일까?

❶ 13개   ❷ 34개   ❸ 48개   ❹ 50개

정답 | ❹ 북아메리카 중앙에 48주, 그밖에 알래스카주와 하와이주를 포함하여 총 50개 주예요.

1783년

프랑스

근대

■ 있음
□ 없음

여기쯤

기구에 사람을 태우고
하늘을 날 수 있다니

당시에는 기구를 띄우는 힘은 불꽃이 아니라, 불에서 피어오르는
연기에 기구를 띄우는 힘이 담겨있다고 믿었어요.

3가지 다른 그림을 찾아라!

왕과 왕비도 주목했던 실험

세계에서 처음으로 사람을 태운 열기구를 하늘로 날려 보낸 사람은 프랑스의 몽골
피에 형제에요. 두 형제는 당시 왕이었던 루이 16세와 왕비 마리 앙투아네트가 지
켜보는 가운데 동물을 태운 열기구를 띄우는 실험을 훌륭하게 성공했어요. 동물을
태우고 실험한 이유는 하늘은 신의 영역이니 인간은 들어가서는 안 된다며 반대하
는 사람들이 있었기 때문이에요. 실험 결과에 힘입어 이날 사람 두 명을 태운 열기
구를 하늘로 올려보냈고, 25분 동안 날았어요.

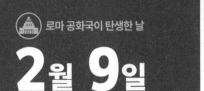

1849년
로마 공화국
근대

여기쯤

☐ 있음
■ 없음

겨우 나라가 생겼는데, 반년 만에 없어지다니

이탈리아 통일 운동 세력에 의해 로마 공화국이 탄생했어요. 민주적인 헌법까지 발표했지만, 프랑스가 군사력을 동원해서 비집고 들어와 반년 만에 사라지고 말았어요.

> 통일의 길은 가시밭길이구나.
>
> 여기만 겨우...

그래도 국가 통일을 위해 헌법을 제정하다

19세기 초반 이탈리아는 7개의 작은 국가로 쪼개진 상황이었어요. 통일 국가를 목표로 활동하던 운동가들의 의지가 뜨거워 혁명으로 번질까 불안했던 로마 교황은 교황령에서 탈출했어요. 통일 운동의 중심이었던 마치니와 청년이탈리아당은 로마 공화국을 세운다고 발표했지요. <u>공화국의 헌법은 신앙의 자유와 사형 폐지 등 시대를 앞서간 내용이었어요.</u> 하지만 프랑스 황제 루이 나폴레옹(나폴레옹 3세)의 군대가 무력으로 밀고 들어와 반년이라는 짧은 역사를 남기고 사라졌어요.

퀴즈	이탈리아가 통일 국가가 된 때는?			
	❶ 1849년	❷ 1850년	❸ 1861년	❹ 1922년

정답 | ❸ 비토리오 에마누엘 2세가 통일에 성공해서 이탈리아 왕국이 탄생했어요.

피자의 날의 유래가 된 날

11월 20일

1851년
이탈리아   근대

여기쯤

■ 있음
□ 없음

피자 마르게리타가
사람 이름이라고?!

널리 알려진 피자 중에 마르게리타 피자가 있어요.
그 유래가 된 이탈리아의 마르게리타 왕비의 생일이 '피자의 날'이 되었어요.

피자를 홍보하기 위해 만든 기념일

19세기 나폴리를 방문한 이탈리아의 마르게리타 왕비의 방문을 기념하여 피자 장
인이 이탈리아의 국기 색깔과 비슷한 피자를 만들었어요. 그 피자가 마음에 든 마
르게리타 왕비는 "피자에 내 이름을 붙여도 좋다"라고 말해서 인기 메뉴인 마르게
리타 피자가 탄생했어요. 사실 마르게리타 왕비의 생일을 피자의 날로 정한 것은
일본의 인쇄 회사예요. 이탈리아에는 피자의 날이 없어요.

★★★
퀴즈 | **마르게리타 피자에 올리는 치즈는?**

❶ 모차렐라   ❷ 고르곤졸라   ❸ 고다   ❹ 까망베르

정답 | ❶ 마르게리타 피자는 토마토의 빨강, 바질의 초록, 모차렐라의 흰색으로 이탈리아 국기를 나타내요.

몽골군이 바그다드를 공격한 날

2월 10일

1258년

몽골 제국

□ 있음
■ 없음

여기쯤

중세

거역하는 자는 죽는다!
몽골군 지나가신다

몽골 황제의 동생인 훌라구가 아바스 왕조*의 수도 바그다드를 공격했어요.
몽골군은 도시를 무참히 파괴했고 아바스 왕조는 없어졌어요.

아바스 왕조가 세상에서 사라진 날

몽골 제국의 4번째 칸(황제)에 오른 몽케는 동생인 훌라구에게 이란을 정복하라고
명령했어요. 훌라구는 명령에 따라 군대를 이끌고 떠났어요. <u>암살 교단으로 불리
던 이슬람교의 니자르파를 제거하고 거침없이 아바스 왕조의 수도 바그다드로 갔
어요.</u> 몽골군은 당시 이슬람 문화의 중심지였던 바그다드를 철저하게 파괴했고,
훌라구는 지금의 이란을 중심으로 몽골 제국의 지방 정권인 일한국을 세웠어요.

* 8~13세기에 중동을 지배했던 이슬람 왕조예요.

퀴즈 | **몽골 제국이 전성기였을 때 영토 크기는 세계 2위, 그렇다면 1위는?**

❶ 미국　　　❷ 영국　　　❸ 독일　　　❹ 멕시코

정답 | ❷ 1913년의 영국 영토는 지구 육지의 24%를 차지했어요.

링컨이 명연설을 했던 날

11월 19일

1863년

미국

근대

■ 있음
□ 없음

여기쯤

국민의 국민에 의한 국민을 위한 정치

흑인 노예제도의 폐지를 바랐던 북부와 유지하려던 남부가 대립하며 일어난 미국의 남북전쟁은 링컨이 이끌던 북부가 승리했고, 그 유명한 연설을 이날 했어요.

국민의, 국민에 의한, 국민을 위한 정치를 하자!

와!

분단된 나라를 하나로 만든 역사적인 연설

우리 편이 남북전쟁에서 이기긴 했지만, 전쟁을 치르며 많은 사람이 희생되었어. 대통령이 된 나는 그들을 기리기 위해서 격전지였던 게티즈버그에서 행사를 열었지. 그리고 "국민의, 국민에 의한, 국민을 위한 정치가 세상에서 사라져서는 안 된다"라고 했어. 그것이야말로 민주주의의 이상이라고 생각해.

퀴즈 | **링컨이 남북전쟁 중에 선언한 것은?**

❶ 세계평화선언　　　　　❷ 노예해방선언

❸ 세계인권선언　　　　　❹ 미국독립선언

정답 | ❷ 흑인 노예제도를 유지하려던 남부 지역에 노예를 모두 해방하도록 명령한 선언이에요.

🎂 에디슨이 태어난 날

2월 11일

1847년

미국

근대

■ 있음
□ 없음

여기쯤

궁금한 건 못 참아!
전구를 발명한 천재 발명가

오늘날 우리 생활에서 빠뜨릴 수 없는 전구는
미국에서 태어난 한 발명가의 손에서 태어났어요.

세계를 바꾼 발명품을 만들다

발명가인 토머스 에디슨은 호기심이 넘치고 뭐든지 알고 싶어 하는 성격이었지만,
학교 수업은 잘 맞지 않았어요. 그런 에디슨을 가르친 사람은 바로 에디슨의 어머
니예요. 에디슨은 궁금하면 몇 번이든 물어보며 답을 찾는 것이 즐거웠어요. 에디
슨은 1,000개가 넘는 물건을 발명했는데, 그중 하나가 바로 전구랍니다. 촛불에
의지하며 지내던 사람들의 일상을 전깃불로 더 밝게 해주었죠. 그런데 고속도로도
발명했다는 것 알고 있나요?

퀴즈 | **에디슨이 발명한 물건은?**

❶ 전화 　　　　　❷ 축음기 　　　　　❸ 비행기

정답 | ❷ 에디슨은 귀가 잘 들리지 않았기 때문에 소리를 들을 수 있는 축음기를 만들었어요.

11월 18일

1307년
스위스 중세

■ 있음
□ 없음

여기쯤

신성 로마 제국의 상징인
모자에 경례하지 않은 죄

대관이었던 게슬러는 신성 로마 제국의 상징이라면서
광장에 걸어놓은 모자에 한 사람도 빠짐없이 경례하라고 명령했어요.
이것에 반발한 사람이 활의 명수였던 윌리엄 텔이에요.

정확하게
사과를 쏜다면
자유를 주마.

아빠
무서워요.

머리에 올린 사과를
맞추면 자유를 준다고?!

신성 로마 제국에서 온 게슬러는 스위스
사람인 우리를 지배하려던 아주 못된 인
간이었소이다. 나는 게슬러가 걸어놓은
모자 앞을 그냥 지나갔다는 죄로 붙잡혔
는데, "네 아들의 머리에 사과를 올리고,
활을 쏴서 맞추면 자유를 주마"라고 하더
군. 나는 활의 명수이니 당연히 성공했지!

퀴즈 | 윌리엄 텔의 행동이 계기가 되어 일어난 사건은?

❶ 경제위기　　❷ 독립운동　　❸ 종교개혁　　❹ 전쟁

정답 | ❷ 합스부르크가에 지배받던 스위스가 독립하는 계기가 되었다고 해요.

🎂 다윈이 태어난 날

2월 12일

1809년
영국
근대
여기쯤
■ 있음
□ 없음

인간과 원숭이는 친척이라는 사실!

'진화론'으로 유명한 박물학자 다윈은 진화에는 방향성이 있다는 사실을 깨닫고 동식물을 관찰하여 얻은 연구 성과를 《종의 기원》이라는 책으로 정리했어요.

목이 길어졌구나!

우물 우물

인류의 기원에 다가가는 진화론

인간은 원숭이 종류 중 하나가 수백만 년에 걸쳐 진화한 존재야. 그 사실을 발견한 사람은 나, 찰스 다윈이란다. 여행을 떠나 동물과 식물 관찰을 계속하다 보니 사는 장소처럼 어떤 조건에 따라 종이 변화할 가능성을 알아챘지. 그런 연구 끝에 발표한 것이 진화론에 관해 쓴 책 《종의 기원》이야. 자연선택설은 생물이 생존경쟁에서 살아남기 위해 최대한 환경에 적응하는 방향으로 바뀌었다는 것이야.

퀴즈

다윈이 진화론의 힌트를 얻은 섬은?

❶ 괌섬　　❷ 갈라파고스 제도　　❸ 오가사와라 제도　　❹ 이스터섬

정답 | ❷ 적도 바로 아래의 태평양 위에 흩어진 크고 작은 섬들로 이루어진 제도예요.

수에즈 운하가 개통된 날

11월 17일

1869년 ──────── 근대

이집트

■ 있음
□ 없음

여기쯤

유럽과 아시아를 쉽게 오갈 수 있다니

옛날에는 아시아에서 유럽에 가려면 아프리카 대륙 주변을 빙 둘러서 가야만 했어요. 그래서 만들어진 것이 수에즈 운하예요.

화려한 개통식 뒤에 잊지 말아야 할 것

지중해와 홍해를 연결하는 수에즈 운하를 만들겠다고 생각한 사람은 프랑스의 레셉스라는 외교관이었어요. 영국의 방해를 이겨내고 마침내 수에즈 운하가 완성된 이날, 성대한 개통식이 열렸어요. 프랑스 황후와 오스트리아 황제를 비롯하여 6,000명이나 초대받았다고 해요. 하지만 10년이라는 공사 기간 동안 노동자가 12만 명이나 사망했다는 사실을 잊으면 안 돼요.

★★★
퀴즈 수에즈 운하를 만들기 위해 동원된 노동자는 어느 나라 사람이었을까?

❶ 이집트　　❷ 수단　　❸ 리비아　　❹ 에티오피아

정답 | ❶ 수에즈 운하를 만들기 위해서 이집트 농민이 무려 4만 명이나 동원되었어요.

2월 13일

남편도 아내도 국왕!
우리는 부부 군주

총독으로서 네덜란드를 다스리던 오렌지 공 윌리엄이 부인 메리와 함께
영국 국왕으로 즉위했어요. 공동통치 시대가 시작되었지요.

권리선언을 인정하고 국왕이 되다

이날 네덜란드 총독인 오렌지 공작 부부는 사이좋게 영국의 새로운 국왕이 되었어요. 윌리엄 3세와 메리 2세가 되었지요. 이때 영국 의회는 두 사람에게 인민의 자유와 권리, 국왕보다 의회가 내린 결정을 우선하기 등의 약속을 인정하라고 요구했어요. 나중에 이 권리선언이 문장으로 정리된 것이 '권리장전'이랍니다. 헌법과 관련된 가장 중요한 문서이고, 영국 입헌정치*의 기초가 되었어요.

* 자유와 인권 보호를 규정한 헌법을 바탕으로 이루어지는 정치예요.

 퀴즈 | 네덜란드의 수도는?

❶ 암스테르담　　❷ 로테르담　　❸ 프로닌겐　　❹ 유토레히트

정답 | ❶ 지금도 변함없이 네덜란드의 수도예요.

11월 16일

힘들게 황제가 되었는데, 허무하게 살해당하다니

잉카 제국은 '공중 도시'로 불리는 마추픽추를 비롯해 여러 독자적인 문명을 세웠던 대제국이에요. 하지만 정복자 피사로에 의해 멸망하고 말았어요.

200년 이상 존재했던 대제국의 마지막

잉카 제국은 남아메리카 페루를 중심으로 주변 지역을 장악하며 번영을 누렸지만, 제11내 내황세인 우아이나 카픽이 세상을 띠니지 디음 황제는 누가 될 것인지를 두고 전쟁이 일어났어요. 계승 전쟁에서 승리한 아타우알파가 황제 자리를 차지했는데, 마침 그 무렵 잉카 제국을 정복하려고 쳐들어온 프란시스코 피사로와 스페인 군대에 사로잡히고 말았어요. 다음 해에 아타우알파는 처형되었고, 잉카 제국은 역사 속으로 영원히 사라졌어요.

퀴즈 잉카 제국에서 꽃피웠던 잉카 문명에 없었던 것은?

❶ 건축　　　❷ 직물　　　❸ 그림　　　❹ 문자

정답 | ❹ 뛰어난 건축 기술과 농경 기술이 있었지만, 문자를 사용하는 문화는 아니었어요.

밸런타인데이의 유래가 된 날

269년

로마 제국

고대

□ 있음
■ 없음

여기쯤

2월 14일

밸런타인데이가
성인이 사망한 날이었다니

사랑하는 연인을 위해 권력자에게 반기를 들어 목숨을 잃은
성인 발렌티노의 사건이 여성이 사랑을 고백하는 밸런타인데이의 유래가 되었어요.

발런타인데이는 사람 이름이다?!

밸런타인데이는 여성이 남성에게 초콜릿을 주며 사랑을 고백하는 날로 유명해요.
유럽의 풍습으로 연인이나 새로 사귄 친구에게 꽃과 카드 등을 선물했어요. 더 오
랜 역사를 찾으면 3세기쯤까지 거슬러 올라가는데, 원래 밸런타인은 사람의 이름
이에요. 당시에는 자유로운 결혼이 불가능했어요. 이에 반대한 사람이 발렌티노
신부였지요. 이날은 발렌티노 성인이 로마 황제의 뜻을 반대했다는 죄로 처형된
날이에요.

 퀴즈 **남성이 여성에게 밸런타인데이의 보답 선물을 보내는 날은?**

❶ 오렌지데이　❷ 멘즈발렌타인　❸ 화이트데이　❹ 성 조르디의 날

정답 | ❸ 밸런타인데이의 한 달 뒤인 3월 14일로 사탕이나 쿠키, 마시멜로 등을 선물해요.

렌텐마르크 통화가 발행된 날

11월 15일

1923년
독일
현대
■ 있음
□ 없음
여기풀

장난감 돈 같아진
화폐의 가치를 되돌리자

제1차 세계대전 후 경제가 곤두박질친 독일에서 돈의 가치가 대폭락했어요.
독일 정부는 경제를 다시 일으키기 위해 새로운 통화를 발행했어요.

경제 악화를 멈춘 렌텐마르크

제1차 세계대전에서 패배한 뒤 바이마르 공화국(지금의 독일)의 화폐인 마르크의
가치는 폭삭 주지앉고 말았어요. 전쟁 전에는 1달러가 4.2미르그었는데, 전쟁이
끝나자 1달러가 무려 4조 마르크가 되었어요. 그래서 수상인 슈트레제만은 렌텐
마르크라는 새로운 통화를 발행하기로 했어요. 1조 마르크와 1렌텐마르크를 교환
해서 돈의 가치를 회복시켰고 경제 안정에도 성공했어요.

퀴즈 서민들은 마르크를 어디에 담아서 쇼핑했을까?

❶ 경찰차　　　❷ 트럭　　　❸ 유모차　　　❹ 자전거

정답 | ❸ 빵을 사러 갈 때도 유모차에 마르크 다발을 쌓았다고 해요.

갈릴레이가 태어난 날

2월 15일

1564년
피렌체 공국
근세

□ 있음
■ 없음

여기쯤

망원경으로 보면 지동설을 이해할 수 있어

당시 최신 발명품이었던 망원경에 흥미를 느낀 갈릴레이는 직접 망원경을 만들었어요. 그는 천문학 분야에서 여러 발견을 했고, 지동설의 타당함도 증명했지요. 태양을 망원경으로 직접 보는 행동은 위험하지만, 당시에는 이 사실을 몰라서 당연한 관찰 방법으로 생각했어요. 갈릴레이가 실명한 원인으로 추측되는 부분이에요.

태양도 점이 있네!

태양 흑점과 달의 울퉁불퉁한 표면을 볼 수 있다니

이 몸이 바로 물리학자이자 천문학자인 갈릴레오 갈릴레이올시다. 내가 만든 망원경으로 천체 관측을 해서 태양의 흑점이나 달의 울퉁불퉁한 표면을 발견했다는 사실을 알고 있는지. 당시 많은 사람이 믿었던 우주의 중심에 지구가 있다는 천동설과 반대 입장인 지동설은 우주의 중심에 태양이 있고 지구가 태양 주위를 돌고 있다는 것이야. 이 지동설을 증명한 사람이 나일세.

퀴즈 ★★★ 달을 이탈리아어로 뭐라고 부를까?
❶ 루나　　❷ 문　　❸ 몬트　　❹ 륜

정답｜❶ 영어로 문, 독일어로 몬트, 프랑스어로 륜이에요.

1840년
프랑스 근대
여기쯤
■ 있음
□ 없음

형태가 없는 빛을
그림으로 표현한 화가

클로드 모네는 선배 화가인 외젠 부댕에게
빛의 아름다움을 그림으로 표현하는 방법을 배웠어요.

수련 그림을 50점이나 그렸어.

빛의 아름다움을 그림에 담고 싶어

나는 어릴 적부터 그림을 그리고 팔았어. 어느 날 화가인 부댕 씨가 야외에서 그림을 그리자고 초대해 줬고, 자연의 빛 속에서 그림을 그리면 더 생생해지는 외광 묘사법도 가르쳐줬어. 부댕 씨의 그림 속에 햇빛이 담긴 장면을 보고 감동한 나는 빛의 아름다움을 그림으로 표현하게 되었지.

퀴즈	모네처럼 따스한 분위기의 그림을 그린 사람들을 뭐라고 부를까?			
	❶ 낭만주의	❷ 표현주의	❸ 인상주의	❹ 미래주의

정답 | ❸ 풍경이나 인물을 부드럽게 인상으로 표현하는 특징 때문에 인상주의라고 불렸어요.

👑 카스트로가 수상으로 취임한 날

2월 16일

1959년 ——

쿠바

현대

■ 있음
□ 없음

여기쯤

독재 체제를 쓰러뜨린 영웅이
새로운 독재자가 되었다?!

쿠바 혁명의 지도자 중 하나였던 카스트로가 혁명이 끝난 뒤 수상 자리에 올랐어요.
쿠바는 미국과 대립하는 사회주의 세력의 일원이 되었어요.

쿠바 최고 권력자의 탄생

미국과 우호적인 관계로 지내려던 바티스타 대통령의 독재 체제를 무너뜨린 쿠바
혁명의 주역 중 하나가 피델 카스트로예요. 혁명 후 수상이 된 카스트로는 공산당
이라는 하나의 정당만 인정했어요. 당에서 가장 높은 제1서기 지위까지 차지해서
쿠바의 최고 지도자가 되었지요. 그 후 쿠바와 미국의 관계는 악화되었고, 쿠바는
소련을 비롯한 사회주의 세력과 관계를 깊게 다져나갔어요.

★★★
퀴즈 | **쿠바의 공용 언어는?**

❶ 영어   ❷ 스페인어   ❸ 프랑스어   ❹ 포르투갈어

정답 | ❷ 15세기 말부터 1898년까지 스페인의 식민지였어요.

11월 13일

불치병 치료법도
점점 개발되고 있다니

의사이기도 했던 코흐는 감염증에 관한 연구를 계속해서
의학의 발전에 크게 공헌했어요.

지금도 여러 병원에서 사용되는 검사 방법

이날 독일의 세균학자인 로베르트 코흐가 투베르쿨린이라는 물질을 사용하는 치료법을 발표했어요. 당시에는 결핵에 걸린 많은 사람이 아무 치료도 받지 못하고 속수무책으로 죽어갔어요. 코흐는 처음에 투베르쿨린이 결핵 치료에 도움이 된다고 생각해서 발표했지만, 효과가 없었다고 해요. 하지만 검사 방법으로 이용하게 되면서 큰 발전을 앞당길 수 있었어요. 코흐는 수많은 업적을 인정받아서 1905년 노벨 생리학·의학상을 수상했어요.

퀴즈 ★★★

코흐는 결핵균과 탄저균 외에 어떤 균을 발견했을까?

❶ 살모네라균   ❷ 콜레라균   ❸ 보툴리누스균

정답 | ❷ 콜레라균은 물속에 존재하는 균이에요.

브루노가 처형된 날

2월 17일

1600년
로마 교황령

근세

☐ 있음
■ 없음

여기쯤

신을 모독한 적 없어
진실을 외치는 사람은 나야!

천문학에 큰 변화가 찾아왔던 16세기 말 철학자 조르다노 브루노도
독자적인 우주론을 주장했지만, 가톨릭의 가르침을 어겼다고 처형당했어요.

신보다 우주가 먼저 존재했다.

끌어내!

혁신적인 우주론을 주장해서 처형당하다니

지구가 태양 주위를 돈다는 코페르니쿠스의 지동설에서 지구보다 태양을 중심으
로 바라본 부분은 이해했지만, 불만도 조금 있었어. 지구도 태양도 그저 별이잖아.
그리고 우주는 무한하고 신보다 먼저 존재해 왔는걸. 가톨릭교회는 이런 내 생각
이 신성모독죄라고 손가락질했고, 나를 로마 시내 광장에서 불에 태웠어.

퀴즈   가톨릭교회가 브루노의 유죄 판결을 취소한 것은 몇 세기일까?

❶ 18세기   ❷ 19세기   ❸ 20세기   ❹ 21세기

정답 | ❸ 1979년이 되어서야 가톨릭교회는 공식적으로 잘못된 이단 판결이었다고 인정했어요.

🎂 로댕이 태어난 날

1840년
프랑스 ⚑ 근대

■ 있음
□ 없음
여기쯤

11월 12일

사람의 마음을
근육으로 표현한 조각가

어릴 적부터 훌륭한 조각 작품을 선보인 로댕은 껍데기뿐인 아름다움이 아니라,
인간의 본질을 표현하려고 노력한 조각가였어요.

독학으로 대단한 걸작을 만들었지!

신념대로 활동했던 로댕

나는 오귀스트 로댕이야. 어릴 때부터 못 말리게 예술을 좋아했지. 내가 살던 시대
에는 겉보기에 아름다운 작품을 최고로 인정했거든. 그래서 너무 사실적인 내 작
품은 사람들이 받아들여 주지 않았어. 그래도 나는 '영혼 없이 아름답기만 한 조각
은 아무 의미도 없다'라는 신념을 잃지 않고 작품을 꾸준히 만들었어. 〈생각하는 사
람〉은 파리에 있는 장식미술박물관을 위해 만든 작품인 지옥문의 일부야. 그런데
생전에 완성하지 못해서 미완성인 채로 공개되었어.

퀴즈 | 코가 부러진 남자의 모델은?

❶ 이웃집 노인 　　❷ 아버지 　　❸ 동생 　　❹ 선생님

정답 | ❶ 당시 아틀리에에 드나들며 허드렛일을 하던 노인을 모델로 만든 작품으로, 전람회에 출품했어요.

진시황제가 태어난 날

2월 18일

기원전 259년

진

고대

☐ 있음
■ 없음

여치쭘

천하를 다스리는 자를
앞으로 황제라 불러라

전국시대에 적을 모두 꺾고 중국 통일을 이룩한 시황제는 모든 권한이 왕에게 집중된 중앙집권 체제를 만들기 위해 새로운 정책들을 세웠어요. 통일국가에 걸맞은 제도를 많이 채용하는 한편, 다른 민족의 침입을 막기 위해 만리장성을 쌓았어요.

'황제' 맘에 드는 이름이야.

전국시대의 승자가 되어
중국의 첫 황제가 되다

고대 중국 신화에는 8명의 왕인 삼황오제(3명의 황제와 5명의 제왕)가 등장해. 여기에서 두 글자를 따서 '황제'라는 칭호를 만들었지. 일곱 대국이 서로를 집어삼키려 전쟁을 벌인 전국시대에 최후 승자가 되어 중국을 통일한 나에게 딱 맞는 호칭이지. 황제 중심의 지배 체제는 마지막 황제로 불리는 청 왕조의 푸이까지 2,000년이 넘도록 이어졌어.

★★★
퀴즈 | 진이 통일국가가 된 후 멸망하기까지의 기간은?

❶ 15년　　❷ 50년　　❸ 100년　　❹ 250년

정답 | ❶ 기원전 210년에 시황제가 사망하고, 그로부터 얼마 지나지 않은 기원전 206년에 멸망했어요.

제1차 세계대전이 끝난 날

11월 11일

1918년
세계 여러 나라
현대

■ 있음
□ 없음

금방 끝날 줄 알았는데,
4년이나 걸린 대전쟁

1914년부터 4년 동안 이어진 제1차 세계대전에 불을 지핀 것은
오스트리아의 황태자 부부가 암살된 사라예보 사건이었어요.

유럽의 전쟁에 전 세계가 휘말리다

사라예보 사건을 빌미로 오스트리아가 세르비아에 선전포고하면서 유럽 전 지역
에서 전쟁이 시작되었어요. 러시아, 프랑스, 영국 등의 연합국과 독일, 오스트리아
등의 동맹국으로 나뉘어 싸웠고 미국의 도움으로 연합군이 승리했어요. 전쟁이 끝
난 다음 해에 파리에서 베르사유 조약이 맺어졌어요. 그 내용에 따라 독일은 일부
영토와 식민지를 잃었고, 천문학적인 배상금을 지불해야 했어요.

 퀴즈 | **일본은 어느 나라와 동맹을 맺었을까?**

❶ 영국 　　❷ 독일 　　❸ 오스트리아 　　❹ 프랑스

정답 | ❶ 연합국인 영국과 동맹을 맺었던 일본은 독일의 식민지인 중국의 칭다오를 공격했어요.

🎂 코페르니쿠스가 태어난 날

2월 19일

1473년
폴란드
근세

■ 있음
여기쯤
□ 없음

우주의 중심은
지구가 아니라 태양이라고?!

"오랫동안 믿어온 천동설로는 실제 관측된 천체의 모습을 이해할 수 없다는 게 이상해?" 바로 이 부분에 의문을 품은 사람이 코페르니쿠스였어요.

움직이는 것은 천체가 아닌 지구

폴란드에서 태어난 천문학자 니콜라우스 코페르니쿠스는 가톨릭교회의 성직자로 활동하면서 천체 관측에도 몰두했어요. 어느 날 그의 머리에 스친 생각이 바로 지동설이었지요. 상식으로 여겨져 온 천동설은 틀렸고, 우주의 중심에 태양이 있으며 지구와 다른 행성이 그 주위를 돈다고 생각했어요. 당연한 줄 알았던 사고방식을 바꾼 새로운 이론이 책으로 완성된 것은 코페르니쿠스가 죽기 직전이었어요.

★★★
퀴즈 | 지구가 태양 주위를 도는 운동을 천문학에서는 뭐라고 할까?

❶ 자전　　　　❷ 공전　　　　❸ 회전　　　　❹ 이전

정답 | ❷ 지구는 태양 주위를 시계 반대 방향으로 1년 동안 한 바퀴 돌아요.

11월 10일

1483년

신성 로마 제국

근세

□ 있음
■ 없음

여기쯤

종교로 돈을 버는 행위를
인정하지 않은 루터

독일에서 광산 노동자의 아들로 태어난 마르틴 루터는 종교 개혁의 계기를 만들고, 기독교를 독일은 물론 다른 나라로도 퍼트린 선구자예요.

자금 모집을 위한 면죄부 판매는 멈춰

큰 권력을 가진 로마 교황은 산피에트로 대성당을 보수하기 위해 '살아있는 동안 저지른 죄를 덜어준다'라는 증명서인 면죄부를 판매했어요. 루터는 면죄부가 단지 돈벌이 수단이라는 사실에 위기감을 느껴서 반박문을 발표했어요. 하지만 사람들의 지지를 얻은 대신, 교황과 정면으로 부딪치는 입장이 되고 말았어요. 마르틴 루터의 대립은 유럽 각지에서 종교개혁이 시작되는 계기가 되기도 했어요.

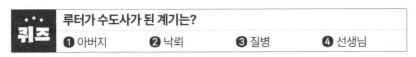

★★★
퀴즈

루터가 수도사가 된 계기는?

❶ 아버지　　　❷ 낙뢰　　　❸ 질병　　　❹ 선생님

정답 | ❷ 천둥 번개와 폭풍우가 쏟아지던 날 '살려주시면 수도사가 되겠나이다'라고 기도했기 때문이래요.

해서가 감옥에 갇힌 날

2월 20일

1566년
명
근세

여기쯤

☐ 있음
■ 없음

아무도 황제에게 쓴소리를 하지 않으니 내가 하겠다

옛날에 중국의 황제에게 바른말을 해서 감옥에 갇힌 해서는 감옥에서 풀려난 뒤 지방 장관을 맡아 백성을 위해 훌륭한 일을 많이 했어요.

황제의 잘못을 바로잡는 것이 신하의 도리

중국 명나라의 정치가 해서가 나랏일에 무관심한 황제를 비판해서 감옥에 잡혀 간 날이 바로 이날이랍니다. 그는 감옥에서 풀려난 뒤 지방 장관으로 임명되었는 데, 탐관오리를 벌하고 힘없는 백성의 편에 선 좋은 관리였다고 해요. 이 이야기는 1960년대에 역사 연극으로 공연되면서 큰 인기를 얻었어요. 그런데 해서가 부패한 관리에게 당하는 내용이 권력자인 마오쩌둥을 비난한 것이라며 꼬투리를 잡혀서 문화대혁명*의 계기가 되었어요.

* 마오쩌둥이 반대파인 자본주의 세력을 제거하기 위해 벌인 권력 싸움으로 사망자가 많이 발생했어요.

 퀴즈 | **마오쩌둥이 제1대 자리를 맡았던 중국 최고 지도자 직위는?**

❶ 수상　　❷ 대통령　　❸ 서기장　　❹ 국가주석

정답 | ❹ 현재 중국의 국가주석은 중국공산당 중앙위원회 총서기, 중앙군사위원회 주석까지 맡고 있어요.

11월 9일

1989년
독일
현대

■ 있음
□ 없음

여기쯤

넘을 수 없던 벽!
자유를 외치며 무너뜨리다

독일을 동서로 분리할 경계선으로 세워졌던 베를린 장벽은
단 하룻밤 사이에 붕괴되었어요.

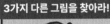

3가지 다른 그림을 찾아라!

오보로 무너진 베를린 장벽

독일을 둘로 나누는 베를린 장벽이 등장한 이유는 전쟁 후 독일의 동쪽과 서쪽 지역을 지배한 나라가 달랐기 때문이에요. 분리된 후 두 지역의 경제 상황은 크게 차이가 났어요. 동독 사람들이 더 풍요로운 서독으로 도망치려는 것을 막기 위해 높은 벽을 쌓았던 게 베를린 장벽이에요. 그러던 어느 날 한 보도관이 '지금 당장 벽을 넘을 수 있다'라고 착각한 내용을 보내는 바람에 동독 사람들이 벽을 밀어 넘어뜨렸고, 두 지역을 가로막았던 장벽이 없어지게 되었어요.

정답 | ❶ 벽을 뚫은 사람 ❷ 벽 위에 있는 사람의 손가락 ❸ 벽 앞에 있는 사람의 모자 모양

🐱 밴팅이 사망한 날

2월 21일

1891년 ——————— 근대
캐나다
■ 있음
여기쯤 □ 없음

평생 관리해야 하는
당뇨병도 치료할 수 있다?!

악화하면 실명 위험까지 있는 당뇨병의 치료제인
인슐린을 발견한 사람이 밴팅이에요.

자, 이제 주사 놓을게~

믿어도 돼요?

병의 원인은 인슐린 부족

악화하면 혈관이 굳으며 몸의 여러 기능이 망가지는 당뇨병은 감염병에 걸리기 쉽고, 백내장에 걸려 시력을 잃을 수도 있는 무시무시한 병이에요. 당뇨병의 주요 원인으로는 인슐린 부족이 꼽혀요. 인슐린은 췌장에서 분비되는 물질인데, 혈당 수치*를 낮추는 역할을 해요. 이를 발견한 사람은 의사이자 생리학자인 프레더릭 밴팅으로 노벨 생리학·의학상 수상이 당연할 만큼 대단한 공헌을 했어요.

* 혈액 속에 들어있는 포도당량으로 수치가 높으면 당뇨병이 악화되어요.

★★★ 퀴즈	밴팅이 실험에 사용한 동물은?			
	❶ 개	❷ 고양이	❸ 원숭이	❹ 쥐

정답 l ❶ 당뇨병을 앓던 개 마조리에게 인슐린을 투여해서 효과를 확인했어요.

1929년

미국

현대

■ 있음
□ 없음

여기쯤

부잣집 사모님들이 만든
현대미술관

뉴욕현대미술관은 상류계급 부인 3명이
'모던 아트(현대 미술) 전문 미술관을 만들자'라고 뜻을 모아 기획했어요.

세계 최초의 모던 아트 전문 미술관

세계 대공황이 터지고 고작 10일이 지난 어느 날, 오피스 빌딩의 한 사무실에 뉴욕 현대미술관이 문을 열었어요. 처음으로 공개된 개관 전시는 세잔, 고갱, 쇠라, 고흐 전으로 역사상 유례없는 불황으로 일자리를 잃고 희망을 찾는 사람들이 많이 방문 했어요. 그 후에도 과거의 작품이 아니라 같은 시대의 작품을 적극적으로 소개했어요.

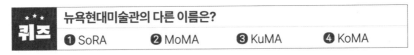

퀴즈 ★★★ 뉴욕현대미술관의 다른 이름은?

❶ SoRA ❷ MoMA ❸ KuMA ❹ KoMA

정답 | ❷ Museum of Modern Art의 앞 글자를 따서 MoMA라고 불러요.

🎂 워싱턴이 태어난 날

2월 22일

1732년

미국

근대

여기쯤

■ 있음
□ 없음

정직한 성품으로
많은 사람이 신뢰한 대통령

조지 워싱턴은 정직한 성격과 용기 있는 행동으로
사람들의 존경을 받아 미국의 첫 대통령이 되었어요.

3가지 다른 그림을 찾아라!

미국인이 사랑한 워싱턴

워싱턴은 농장에서 태어났어요. 이 무렵 미국은 영국의 지배를 받았어요. 어른이
되어 농장을 경영하게 된 워싱턴은 정직함을 인정받아 지역을 대표하는 의원이 되
었어요. 그 후 미국은 영국에게서 벗어나기 위해 전쟁을 일으켰는데, 워싱턴은 겁
내지 않고 맞서 싸우며 승리를 이끌었어요. 그의 업적은 많은 사람에게 칭송받았고,
미국이 독립하자 첫 대통령으로 뽑혔어요. 워싱턴은 대통령이 된 뒤에도 전쟁으로
불안정했던 국내 상황을 나아지게 하고, 영국과의 관계를 바로잡는 등 미국에 커
다란 공헌을 남겼어요.

11월 7일

러시아 정부를 무너뜨린 레닌

오랜 전쟁에 시달린 소련 국민의 생활은 괴롭기만 했어요. 그래서 혁명지도자인 블라디미르 레닌이 노동자와 병사를 이끌고 혁명을 일으켰어요.

레닌이 주도한 노동자와 농민들의 혁명

당시 황제가 지배하던 러시아 제국은 한창 전쟁 중이었어요. 점점 가난해지는 국민 생활에는 무관심했고요. 그래서 노동자와 병사들은 평화와 식량을 요구하며 '소비에트'라는 조직을 결성했어요. 혁명가 레닌 아래 모여 힘을 합쳐 정부를 쓰러뜨리기로 했어요. 이 사건은 러시아 혁명으로 불리는데, 세계 최초의 사회주의 정권인 소비에트 사회주의 공화국 연방(소련)의 탄생으로 이어졌어요.

퀴즈 | 소련 국기에는 어떤 그림이 그려져 있을까?

❶ 빵과 우유　　　　　　　　　❷ 아이와 어머니

❸ 검과 방패　　　　　　　　　❹ 망치와 솥

정답 | ❹ 러시아 혁명을 일으킨 주체였던 노동자들을 망치와 솥으로 표현했어요.

🎂 캐스트너가 태어난 날

2월 23일

1899년 ——————
독일   근대
여기쯤
■ 있음
□ 없음

동화지만
어른이 읽어도 재밌어

《에밀과 탐정들》과 《로테와 루이제》 등 많은 명작 동화를 남긴 캐스트너는
독일뿐 아니라 다른 나라에서도 오래 사랑받고 있어요.

나치에게 저항한 세계적인 아동문학 작가

시인이자 소설가인 에리히 캐스트너는 1929년에 발표한 어린이 소설 《에밀과 탐정들》이 성공을 거두며 전 세계에 알려진 아동문학 작가예요. 나치 시대에는 출판 금지를 당하는 등 고생을 많이 했지만, 전쟁이 끝난 후에는 독일 펜클럽(표현의 자유를 지키는 세계적인 단체) 회장을 오랫동안 맡아서 활동했어요.

퀴즈

에리히 캐스트너가 처음으로 출간한 책은?

❶ 《에밀과 탐정들》   ❷ 《거울 속의 소란》

❸ 《허리 위의 심장》   ❹ 《하늘을 나는 교실》

정답 l ❸ 1927년에 낸 첫 시집이에요.

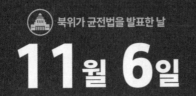

북위가 균전법을 발표한 날

11월 6일

485년

북위

고대

□ 있음
■ 없음

여기풍

농민을 지원하기 위해
토지를 빌려주자

이 시대 농민의 삶은 매우 불안정했어요.
이런 농민들을 위해 마련된 법이 '균전법'이에요.

이제 농민 생활도 국가 수입으로 안정되겠지.

어영차 으쌰 으쌰

토지를 줄 테니 안정된 생활을 꾸려보세요

농민이 한 곳에서 꾸준하게 농업 활동을 하면서 안정된 생활을 꾸릴 수 있도록 나라가 농민에게 토시를 빌려주는 '균전법'을 만들었어요. 균진법이란 당시 성인으로 인정받던 15살 이상의 남자와 그 아내에게 일정 크기의 토지를 빌려주고, 70살이 되면 국가에 반납하는 제도예요. 그 대신 세금으로 농작물을 내거나 병역의 의무를 부담하게 했어요. 이 제도 덕분에 농민의 생활이 자리 잡게 되었고, 국가 수입도 안정되었어요.

★ ★ ★
퀴즈

균전법으로 토지를 받을 수 있던 동물은?

❶ 돼지   ❷ 말   ❸ 소   ❹ 개

정답 | ❸ 균전법은 소를 많이 가진 유복한 사람에게 유리한 제도였어요.

📖 스탈린 비판이 이루어진 날

2월 24일

1956년
소비에트 연방

현대

☐ 있음
■ 없음

여기쯤

나라를 키운 업적은 업적, 정책의 실패는 실패!

사회주의 국가 중 맏형 격인 소련을 오랫동안 이끌던 스탈린이 사망했어요.
후계자인 흐루쇼프는 공개적인 자리에서 스탈린을 비판하며
정치는 집단 지도 체제, 외교는 평화 공존 등 스탈린과 정반대의 길을 걸었어요.

스탈린의 잘못된 정치를 비판하다

스탈린은 장기간 지도자의 자리를 지켰지만, 여러 정책에서 실패했어. 자기를 신처럼 우러러 받들게 하고, 무고한 사람을 범죄자로 몰아세운 것도 문제였지. 그래서 니키타 흐루쇼프는 소련공산당 제20회 대회에서 이런 비판을 국민 앞에서 발표해 전 세계를 놀라게 했지.

퀴즈
흐루쇼프 다음의 소련 지도자는?

❶ 레닌　　　❷ 브레즈네프　　　❸ 고르바초프　　　❹ 푸틴

정답 | ❷ 18년이라는 긴 시간 동안 소련의 최고 지도자였어요.

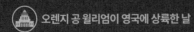

11월 5일

네덜란드에서 영국으로
사위가 국왕 자리를 빼앗다

가톨릭교도에게 특혜를 주었던 영국 왕의 의견에 반대한 의회는
네덜란드 총독을 영국으로 불러서 새로운 국왕으로 삼았어요.

오렌지 공 윌리엄 vs. 제임스 2세

당시 영국에서는 프로테스탄트이 국교회를 따랐지만, 국왕 제임스 2세는 열렬한 가톨릭 신자였어요. 자기 입맛대로 정치를 펼친 제임스 2세에게 불만이 많았던 의회는 국왕 딸의 남편인 오렌지 공 윌리엄을 새로운 국왕으로 세워야겠다고 생각했어요. 의회의 요청을 받아들인 윌리엄은 1만 명 이상의 군대를 이끌고 영국 땅에 상륙해 제임스 2세를 쫓아내고 새로운 국왕 윌리엄 3세가 되었어요.

퀴즈	영국에서 추방당한 제임스 2세는 어디로 갔을까?			
	❶ 네덜란드	❷ 독일	❸ 프랑스	❹ 스페인

정답 l ❸ 국왕군에게도 버림받은 제임스 2세는 프랑스로 망명할 수밖에 없었어요.

발렌슈타인이 암살된 날

2월 25일

1634년
보헤미아 왕국
근세

□ 있음
■ 없음
여기쯤

맹활약을 펼쳤건만
최후의 결말이 이거라니

독일(신성 로마 제국)의 종교 대립으로 시작된 30년 전쟁에서 활약한
발렌슈타인은 목숨 바쳐 지켰던 황제 손에 암살당하는 최후를 맞이했어요.

내가 누구를 위해 싸웠는데...

목숨을 내놓으시지!

마지막 순간에 믿었던 부하에게 암살당하다

독일에서 가톨릭(구교)과 프로테스탄트(신교)의 대립이 격렬해졌어요. 주변 나라까지 끌어들이며 '30년 전쟁'이라 불리는 전쟁으로 번지고 말았죠. 이 싸움에서 가톨릭 편에 선 로마 황제에게 총사령관으로 고용된 보헤미아의 야심 찬 귀족 <u>알브레히트 폰 발렌슈타인</u>은 전쟁터에서 <u>용병대장</u>으로 큰 활약을 펼쳤지만, 비밀리에 프로테스탄트 세력과 화해를 추진한 탓에 황제의 명령으로 암살당하고 말았어요.

퀴즈	보헤미아 지방이 있던 곳은 현재 어느 나라일까?		
❶ 독일	❷ 오스트리아	❸ 폴란드	❹ 체코

정답 | ❹ 오랜 역사를 가진 보헤미아는 현재 체코 공화국 서부와 중부 지역에 해당해요.

11월 4일

이집트 왕, 투탕카멘의 무덤을 발견하다

많은 이집트 연구자가 찾아다니던 투탕카멘 무덤은
'왕들의 계곡'에서 발견되었어요.

3가지 다른 그림을 찾아라!

황금 마스크를 쓴 투탕카멘

이날 고고학자인 하워드 카터가 투탕카멘의 무덤을 발견했어요. 카터는 투탕카멘의 무덤을 찾기 위해 노력했지만, 몇 년이 지나도 성공하지 못해서 돈도 바닥난 상황이었어요. 마지막 발굴 작업에서 마침내 무덤으로 향하는 계단을 발견했어요. 그 후 무려 10년에 걸쳐 무덤을 찾았고, 관 안에서 황금 마스크를 쓰고 잠든 투탕카멘을 발견했어요. 고대 이집트에서는 죽은 사람이 사후 세계에서 되살아난다고 믿었기 때문에 관 속에 생활에 필요한 식량과 의복, 심지어 보석까지 넣어요.

정답 | ❶ 피라미드 모양 ❷ 관 모양 ❸ 스핑크스의 귀 모양

왕안석이 부재상이 된 날

2월 26일

1069년
북송
중세
북송

□ 있음
■ 없음

여기쯤

개혁을 너무 서둘러서
반발에 부딪히다

옛 중국 왕조였던 북송 시대에 신종 황제의 뜻을 받들어
적자 재정을 바로잡는 임무를 맡았던 왕안석은 나라를 강하고
풍요롭게 만들기 위해 수많은 새로운 법률을 내놓았어요.

건강하고 강한 나라를 만들고 싶었는데

19살에 북송의 가장 높은 자리에 오른 신종 황제의 국가 살림은 적자가 심했어요.
이를 건강한 상태로 되돌리는 일을 맡은 인물이 왕안석이에요. 왕안석이 부재상(재
상을 돕는 자)이 된 날이 이날이고요. 그는 강한 나라를 목표로 여러 가지 새로운 규
정을 발표했어요. 다음 해에 재상으로 출세했지만, 개혁안을 너무 급하게 밀어붙
여서 주변의 강력한 반발로 1077년에 은퇴를 강요받았어요.

북송의 수도는?

❶ 장안(현재의 시안) **❷** 북경(베이징) **❸** 남경(난징) **❹** 개봉(카이펑)

정답 | **❹** 중국의 오래된 도시로 지금의 허난성에 있어요.

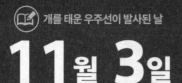

개를 태운 우주선이 발사된 날

11월 3일

1957년
소비에트 연방

현대

□ 있음
■ 없음

여기쯤

개가 우주비행사라고?!
우주로 간 라이카

세계 최초의 인공위성·우주선이 발사되었어요.
이 우주선에 타고 있던 것은 '라이카'라는 이름의 개였어요.

훈련은 받았지만
무섭다멍...

최초로 지구 궤도에 도달한 개

세계에서 처음으로 우주를 향해 떠난 것은 소련의 우주선 '스푸트니크 2호'에요.
개 라이카가 지구 생물 중 최초로 우주선에 탑승했어요. 라이카를 태우고 발사된
스푸트니크 2호는 지구 궤도에 올라타 둘레를 빙 도는 것에 성공했어요. 하지만
이 우주선은 애초에 지구로 귀환하도록 설계되지 않았기 때문에 라이카는 지구에
돌아오지 못했어요.

퀴즈 | 스푸트니크 2호가 발사된 곳은 어디일까?

❶ 국제우주정거장 ❷ 바이코누르 우주기지
❸ 다네가시마 우주센터 ❹ 톈궁 우주정거장

정답 | ❷ 카자흐스탄에 있지만 소련 때부터 지금까지 쭉 러시아가 로켓 발사장으로 사용하고 있어요.

파리 만국박람회가 개최된 날

2월 27일

1867년

프랑스

근대

■ 있음
□ 없음

여기름

세계에 조국의 기술을 보여주자!

세계 여러 나라가 참가하는 만국박람회가 개최되자 기술을
자랑하고 싶은 나라와 사람들이 프랑스 파리에 많이 모였어요.

3가지 다른 그림을 찾아라!

시대를 앞서가는 기술이 한 자리에

프랑스의 수도 파리에서 두 번째 만국박람회가 열렸어요. 이때 42개국이 참가하
고 약 1,500만 명의 사람이 파리로 발걸음을 옮겼어요. 만국박람회는 고국의 뛰어
난 문화와 기술을 많은 사람에게 선보이기 위해 열린 행사예요. 또한 참가국끼리
나라 사정과 기술을 서로 소개하며 관계를 깊게 다지는 커다란 교류의 장이기도
했어요.

정답 | ❶ 중앙 건축물 ❷ 배경 하늘 ❸ 여자의 소지품

세계 최초의 민간 라디오방송이 시작된 날

11월 2일

1920년
미국
현대
여기쯤
■ 있음
□ 없음

사람 목소리가 나오다니!
세계 최초의 라디오 공영방송

음성 정보를 전파에 실어 보내는 라디오는 점점 진화해서
20년 후에는 공영방송을 내보낼 수 있게 되었어요.

첫 공식 방송은 대통령 선거 속보

라디오가 처음으로 등장한 것은 1900년이에요. 캐나다의 전기기술자 레지날드 페센덴이 음성을 전파에 실어 송수신하는 데에 성공했어요. 그 후 세계 각지에서 라디오방송 실험이 이루어졌고, 이 해에 미국 펜실베이니아주 피츠버그의 라디오 방송국 KDKA이 세계 최초로 공영방송을 시작했다고 해요. 첫 방송은 미국 제29대 대통령 선거에서 워런 하딩이 당선되었다는 속보였어요.

퀴즈 **우리나라 최초의 정규 라디오 방송국은?**
❶ 조선방송국　　❷ 경성방송국　　❸ KBS　　❹ 대한 방송

정답 l ❷ 1927년 2월 일본이 식민지 정책을 강화하기 위해 세웠어요.

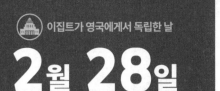

이집트가 영국에게서 독립한 날

2월 28일

1922년 ─ 이집트 ─ 현대

■ 있음
□ 없음

여기쯤

독립은 이루었지만 간접적인 지배는 계속되다

1922년은 영국에게 점령당했던 이집트가 독립을 인정받은 해예요.
하지만 그 후에도 영국의 간접적인 지배는 계속되었어요.

영국은 떠나라!

도망쳐~

부글부글

시늉뿐인 독립에서 진정한 독립으로

1882년 영국은 수에즈 운하와 면화를 차지하려고 이집트를 식민지로 삼았지만,
이집트의 독립운동이 격해지자 이날 이집트의 독립을 인정했어요. 이집트 왕국이
탄생한 거예요. 하지만 독립은 형태뿐이었어요. 실제로는 영국의 간접적인 지배가
계속되었거든요. 1952년에는 이집트에서 쿠데타가 일어나 국왕이 추방당했어요.
다음 해에는 이집트 공화국이 탄생했지요. 이 사건을 이집트 혁명이라고 해요.

퀴즈 | 이집트의 현재 수도는?

❶ 알렉산드리아　　❷ 이집트　　❸ 카이로　　❹ 기자

정답 | ❸ 아프리카 대륙 최대의 국제도시이자 아랍 국가 중에서 가장 인구가 많은 도시이기도 해요.

리스본 지진이 일어난 날

11월 1일

1755년 — 포르투갈 — 근대

여기쯤

■ 있음
☐ 없음

쑥대밭이 된 리스본 대지진이 남긴 피해

서유럽을 뒤흔든 지진의 한가운데에 놓인 리스본은 시내 대부분의 건물이 무너져 쑥대밭이 되었고, 많은 사람이 사망했어요.

마을이 통째로 사라졌어...

휘이이이이...

지진, 해일 그리고 화재까지

이날 오전 9시 40분 서유럽에 대규모 지진이 일어났어요. 지진의 충격파를 가장 크게 맞은 곳은 포르투갈의 수도 리스본인데, 당시 리스본 시민들은 기독교 성인들을 기념하는 만성절을 준비하기 위해 성당에 모여 있었어요. 큰 흔들림에 성당이 무너졌고, 사람들이 죽거나 다쳤다고 해요. 해일(쓰나미)과 화재도 일어났는데, 이글거리는 불길이 무려 6일 동안 꺼지지 않았대요. 포르투갈뿐 아니라 스페인과 모로코도 피해를 보았어요.

퀴즈 대지진 속에서 기적적으로 남은 제로니무스 수도원은 어디에 등록되었을까?

❶ 세계문화유산　　❷ 유럽 유산　　❸ 포르투갈 유산　　❹ 리스본 유산

정답 | ❶ 포르투갈 특유의 마누엘 양식 건물로, 1983년에 세계유산으로 등록되었어요.

2월 29일

손해 보지 않으려면
이상을 버려야 해

자유롭게 무역하며 큰돈을 벌어들인 영국은 세계적인 불황이 파도처럼 밀어닥치자 꿈꾸던 이상을 포기할 수밖에 없었어요. 결국 수입품에 관세를 매기게 되었지요.

자유무역 시대를 끝낸 세계 공황

관세를 매기거나 거래량을 제한하는 등 국가의 구속 없이 자유롭게 수출입 거래를 하는 자유무역은 영국이 추구했던 방식이에요. 하지만 19세기 말에 이르러 외국 생산품의 수입량이 수출량을 넘어서자 균형이 흔들리기 시작했어요. 엎친 데 덮친 격으로 1929년에 세계 공황*이 심해져서 많은 실업자까지 끌어안게 된 영국은 외국에서 들어오는 물건에 수입 관세를 매기기로 했어요.

* 경제가 혼란해져서 불경기가 되는 것을 말해요.

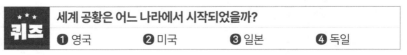

퀴즈 세계 공황은 어느 나라에서 시작되었을까?

❶ 영국　　　　❷ 미국　　　　❸ 일본　　　　❹ 독일

정답 | ❷ 미국의 주식시장에서 주가가 대폭락하면서 시작됐어요.

11월

1일   리스본 지진이 일어난 날
2일   세계 최초의 민간 라디오방송이 시작된 날
3일   개를 태운 우주선이 발사된 날
4일   투탕카멘의 무덤이 발견된 날
5일   오렌지 공 윌리엄이 영국에 상륙한 날
6일   북위가 균전법을 발표한 날
7일   러시아 혁명이 일어난 날
8일   뉴욕현대미술관이 개관한 날
9일   베를린 장벽 붕괴의 계기가 된 날
10일   루터가 태어난 날
11일   제1차 세계대전이 끝난 날
12일   로댕이 태어난 날
13일   투베르쿨린 치료법이 발표된 날
14일   모네가 태어난 날
15일   렌텐마르크 통화가 발행된 날
16일   잉카 제국 멸망의 계기가 된 날
17일   수에즈 운하가 개통된 날
18일   윌리엄 텔이 사과를 명중시킨 날
19일   링컨이 명연설을 했던 날
20일   피자의 날의 유래가 된 날
21일   최초로 유인 열기구 비행에 성공한 날
22일   바스쿠 다가마가 희망봉을 통과한 날
23일   빌리 디 기드가 태어난 날
24일   담배 불매 운동이 퍼진 날
25일   국제 여성 폭력 추방의 날의 유래가 된 날
26일   칼 벤츠가 태어난 날
27일   노벨상이 만들어진 날
28일   마젤란이 태평양을 발견한 날
29일   팔레스타인 분할 결의안이 채택된 날
30일   처칠이 태어난 날

3월

페르메이르의 탄생일

10월 31일

1632년

네덜란드

근세

여기쯤

■ 있음
□ 없음

이 화가는 누구지?!
죽은 뒤 200년 후에 인정받다

이날은 프랑스 연구가가 찾아내서 주목받았던 무명 화가 페르메이르의
탄생일이에요. 지금은 네덜란드를 대표하는 화가로 유명해요.

아무리 그래도 너무 싸잖아.

페르메이르

〈진주 귀걸이를 한 소년〉를 그린 남자

나는 살아서는 거의 이름을 알리지 못했던 요하네스 페르메이르예요. 실력은 있었
지만, 인기가 없어서 빵과 그림을 맞바꾸며 근근이 살았어요. 심지어 자식이 11명
이나 있었기 때문에 항상 돈에 쪼들려서 힘들었어요. 게다가 그 무렵 네덜란드는
전쟁 중이라서 돈 있는 사람이 적었고, 그림을 살 사람도 별로 없었어요. 내가 유명
해진 것은 죽은 뒤 200년 후였어요.

퀴즈 페르메이르의 다른 직업은 무엇일까?

❶ 숙박업소 주인   ❷ 경찰관   ❸ 소방관   ❹ 학교 선생님

정답 | ❶ 페르메이르는 숙박업소, 음식점, 미술품 상인의 일을 아버지에게서 물려받았어요.

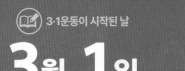

3·1운동이 시작된 날

3월 1일

1919년
일제강점기의 조선

현대

☐ 있음
■ 없음

여기쯤

다른 나라에 지배받고 싶지 않아, 우리는 자유다!

일본의 무단 통치* 시기에 조선에서 일어난 3·1운동은 조선은 독립 국가이며,
조선 사람은 모두 자주적인 국민이라고 선언했어요.
이 독립운동은 얼마 지나지 않아 전국으로 번져나갔어요.

그만두지 못해!

우리는 자유다!!

1발
대발

3.1운동의 함성

독립 만세를 외치는 시위행진

당시 세계 각지에서는 식민지의 독립운동이 거세지고 있었어요. 일본의 무단 통치
에 저항하여 일어난 3·1운동도 그중 하나예요. 고종 황제의 장례일 이틀 전인 이날,
경성의 탑골 공원에 수천 명의 사람이 모여 독립선언서를 발표했어요. 이때 시위
대가 입을 모아 '독립 만세'를 외쳤기 때문에 만세운동, 만세사건으로도 불려요. 이
독립운동은 전국 방방곡곡으로 퍼졌고, 일본의 탄압을 받으면서도 계속되었어요.

* 권력을 가진 나라가 영토와 사람을 지배하는 것을 말해요.

독립운동이 시작된 경성의 현재 이름은?
❶ 서울　　❷ 인천　　❸ 부산　　❹ 광주

정답 ❘ ❶ 현재 대한민국의 수도예요.

라디오드라마 〈우주전쟁〉이 방송된 날
10월 30일

1938년
미국 · 현대
■ 있음
□ 없음
여기쯤

우주인의 침공?!
미국 전체가 기절초풍

라디오드라마 〈우주전쟁〉은 너무 진짜 같아서 라디오 청취자들이 혼란에 빠졌어요. 그런데 진짜 실화가 아니었을까요?

우주인이 찾아온 것은 진실 혹은 거짓

이날 미국의 라디오국은 SF 작가 H.G.웰스의 《우주전쟁》을 라디오드라마로 방송했어요. 그런데 너무 실제 상황 같아서 이야기의 배경인 뉴저지 주민들은 우주전쟁이 진짜라고 착각하는 웃지 못할 소동이 벌어졌어요. 대본을 낭독한 사람은 오슨 웰즈라는 배우였는데, 한편으로는 이 소동 자체가 자작극이었다는 소문도 있어요.

퀴즈 ★★★ 드라마에서 우주인은 어디에서 왔을까?
❶ 달　　❷ 화성　　❸ 금성　　❹ 목성

정답 | ❷ 화성인은 트라이포드라는 다리가 3개 달린 우주선을 타고 날아와 지구를 공격했어요.

3월 2일

두 번째 피라미드의 문을
연 사람은 서커스 배우?!

기자의 사막에 세워진 피라미드 중 두 번째 피라미드의 입구가 발견되고,
그 문이 열린 기념할 만한 날이에요.

역사적인 성과를 발견한 남자

이집트에는 널리 알려진 세 개의 피라미드가 있어요. 이날은 기자 지역의 사막에
세워진 피라미드 세 개 중 두 번째 피라미드의 입구가 열린 날이에요. 이 역사를 만
든 사람은 런던에서 온 서커스 배우예요. 정보도 없는 상태에서 열정만으로 성공
했다니 대단하지요. 그는 유명한 유적지인 '왕들의 계곡'에서도 새로운 무덤을 찾
았어요. 이집트에 잠들어 있는 옛 시대의 보물을 발견해 해외로 옮기기도 했어요.

퀴즈 | 런던에서 온 서커스 배우의 이름은?

❶ 베르초니   ❷ 마르코   ❸ 크리스

정답 | ❶ 베르초니는 서커스에서 힘이 센 천하장사를 연기했어요.

🎂 핼리가 태어난 날

10월 29일

1656년

영국

근세

여기쯤

■ 있음
□ 없음

혜성이 나타나는 날을 예언한 천문학자

에드먼드 핼리는 1682년에 혜성을 관측하고, '혜성은 76년마다 지구에 접근한다'라고 발표했어요. 옛날에는 혜성이 갑자기 나타났기 때문에 나쁜 일이 일어날 조짐이라면서 많은 사람이 불길하게 여겼던 별이었어요.

3가지 다른 그림을 찾아라!

일정 주기로 태양 주변을 도는 혜성

혜성이란 태양 주변을 맴도는 작은 별을 말해요. 혜성을 관측한 사람은 이날 영국에서 태어난 천문학자 핼리예요. 어린 시절부터 천체를 매우 좋아했기 때문에 대학에서 행성에 관해 공부했어요. <u>1682년에 혜성을 관측한 핼리는 76년 후인 1758년에 혜성이 다시 나타날 거라고 예언했어요.</u> 핼리는 1758년을 맞이하지 못하고 세상을 떠났지만, 혜성은 예언대로 나타나 '핼리 혜성'이라는 이름이 붙었어요.

🎂 벨이 태어난 날

3월 3일

1847년
영국   근대

■ 있음
□ 없음

여기쯤

전화기만 있으면 멀리 있어도 이야기할 수 있어

소리에 관해 연구하던 발명가 벨의 가장 유명한 발명품은 전화예요.
상대와 멀리 떨어진 곳에 있어도 소통할 수 있는 꿈의 기계가 탄생했어요.

특허출원 싸움에 이겨서 전화기의 발명가가 되다

나는 발명가 그레이엄 벨이야. 내가 소리에 관한 연구에 몰두했던 이유는 어머니와 아내가 청각 장애인이었기 때문일지도 몰라. 라이벌 발명가였던 일라이셔 그레이와 특허 경쟁을 하기도 했지만, 내가 먼저 신청해서 이겼지. 전화의 특허권을 인정받은 건 1876년이었어. 그날은 나의 29살 생일이기도 해. 첫 실험에서 보낸 최초 메시지는 "왓슨 씨(조수의 이름) 잠깐 와줘. 할 말이 있어"였지.

퀴즈 최초로 전화선을 통과한 언어는 영어, 그렇다면 두 번째 언어는?

❶ 일본어   ❷ 프랑스어   ❸ 독일어   ❹ 영어

정답 | ❶ 미국에서 유학 중이던 일본인 이사와 슈지, 가네코 겐타로가 벨을 방문해서 통화했어요.

존 로크가 사망한 날
10월 28일

1704년
영국   근대
여기쯤
■ 있음
□ 없음

전 세계로 퍼져나간 철학, 자유주의

미국과 프랑스 등 여러 나라에서 선택한 자유주의는 귀족과 왕이 존재하던 시대에 모든 인간은 평등하며 독립된 존재이므로 생명과 자유를 침해받아서는 안 된다고 주장했어요.

**인간은 이성을 갖추고 태어나지 않아.
경험이 중요해!**

끄덕   끄덕

자유주의의 아버지 존 로크

나는 '인간은 경험으로 지식을 익힌다'라는 경험론과 '자유롭고 평등한 인간이 이성을 바탕으로 국가를 만든다'라는 사회계약론의 토대를 세운 철학자이자 '자유주의 아버지'라고 불리는 존 로크입니다. 나는 이날 죽었지만, 내 생각은 전 세계 나라에서 받아들였습니다.

퀴즈 존 로크의 직업 중 철학자 이외에 다른 직업은?

❶ 카레이서　　❷ 만담가　　❸ 의사　　❹ 어부

정답 | ❸ 존 로크는 철학과 의학을 공부한 우수한 인물이었어요.

윌슨이 미국 대통령이 된 날

3월 4일

1913년 ─────
미국
현대
■ 있음
□ 없음
여기쯤

나라 사이의 분쟁을 조절할 큰 조직이 필요해

미국 대통령이 된 윌슨은 임무를 맡은 기간에 제1차 세계대전을 경험했어요.
그래서 나라와 나라가 교섭할 때 힘을 발휘할 국제연맹의 필요성을 느꼈어요.

국제연맹을 만들자고 주장한 것은 미국 대통령인 나지만, 정작 미국은 참가하지 않았어요.

국제연맹 설립으로 노벨평화상을 받다

이날 제28대 대통령이 된 우드로 윌슨은 세계가 제1차 세계대전의 소용돌이에 휘말린 상황을 보면서 전쟁을 해결할 수 있는 국제적인 기관이 있으면 좋겠다고 생각했어요. 윌슨은 국제연합의 바탕이 된 국제연맹을 세우는 데 힘을 바쳤어요. 그 덕분에 노벨평화상도 수상했지요.

퀴즈 | 국제연맹의 본부가 있던 제네바는 어느 나라의 도시일까?

❶ 미국　　❷ 프랑스　　❸ 오스트리아　　❹ 스위스

정답 | ❹ 지금도 국제연맹의 뒤를 이은 국제연합 등 여러 기관이 있어요.

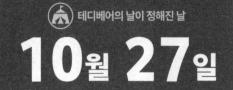

테디베어의 날이 정해진 날

10월 27일

1998년
미국
현대

■ 있음
□ 없음

여기쯤

아기 곰을 살려준 다정한 대통령

죽을 위기에 처한 새끼 곰을 루스벨트 대통령은 살려주고 자유롭게 놓아주었어요. 루스벨트의 다정함에서 비롯된 '테디베어' 명칭은 곰 인형을 가리키는 대명사로 통해요.

대통령 별명에서 탄생한 인형의 이름

이날은 미국의 제26대 대통령 루스벨트가 태어난 날이에요. 루스벨트 대통령의 취미는 곰 사냥이었어요. 어느 날 한 마리도 잡지 못한 대통령을 위해 사냥꾼 일행이 어린 곰을 쏘았고, 숨통을 끊을 마지막 한 발을 대통령에게 양보했어요. 하지만 루스벨트 대통령은 거절했어요. 그의 마음 따뜻한 행동이 화제가 되면서 루스벨트의 별명인 '테디'와 곰을 의미하는 영어 단어 '베어'를 붙여 '테디베어'라는 이름이 생겼고, 1998년의 이날을 기념일로 정했어요.

퀴즈 | 맨 처음 테디베어 곰 인형을 만든 사람은 무슨 가게를 운영했을까?

❶ 꽃가게　　　❷ 과자가게　　　❸ 양복가게

정답 | ❷ 신문 기사를 본 과자가게 사장님이 곰 인형을 만들고 '테디베어'라고 이름 붙였어요.

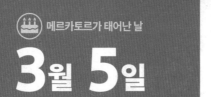
메르카토르가 태어난 날

3월 5일

1512년
플랑드르
□ 있음
■ 없음
여기쯤
근세

입체를 평면으로
표현하려면 이 방법으로

세계 구석구석 항로가 펼쳐진 대항해시대에 안전한 항해를 위해
정확한 지도를 만들기 시작한 사람이 게라르두스 메르카토르예요.

이게 이렇게 되었습니다.

지도 역사에 혁명을 일으킨 메르카토르

입체인 지구를 평면인 지도에 표현하는 대표적인 방법이 메르카토르 도법이에요.
지도 위에 눈금으로 구획을 나누고, 가로선과 세로선으로 위도와 경도를 나타내기
때문에 각도를 정확하게 알 수 있었어요. 당시 지도 제작은 신앙을 거스르는 행위
로 여겨져서 메르카토르는 체포되기도 했어요. 하지만 고향을 떠나 독일에 정착한
뒤에도 지도 제작을 멈추지 않았어요. 그리고 1569년 메르카토르 도법으로 세계
지도를 완성했어요.

퀴즈 ★★★
메르카토르가 태어난 플랑드르의 영어 이름은?
❶ 플란다스　　❷ 플랑데룬　　❸ 플랑단　　❹ 플랑데렌

정답 | ❶ 아동문학 《플란다스의 개》도 플랑드르가 무대예요. 지금의 벨기에가 된 나라예요.

1955년
베트남 공화국
현대
□ 있음
■ 없음
여기쯤

미국이 응원해
새롭게 생긴 나라

제2차 세계대전이 끝난 뒤 중국과 미국은 베트남을 같은 편으로 삼고 싶어 했어요.
미국의 후원으로 생긴 나라가 베트남 공화국(남베트남)이에요.

새로운 나라, 응원해요!

열심히 할게요!

하지만 20년 만에 끝났어요.

베트남도 원래 분단국가였다?!

이날 베트남 공화국의 응오딘지엠 수상이 베트남 공화국을 세우고 초대 대통령이
되었어요. 이 나라는 베트남에 소련이니 중국처럼 사회주의 국가가 생기는 것을
원치 않은 미국이 협력하여 태어났어요. 하지만 사회주의 체제를 선택한 베트남
민주공화국(북베트남)의 군대에게 사이공(지금의 호찌민)을 점령당하며 무너졌어요.

퀴즈 | 베트남의 전통적인 놀이 '다카우'는 어떤 경기일까?

❶ 제기 차기   ❷ 제기 치기   ❸ 제기 던지기   ❹ 제기 먹기

정답 | ❶ 3대 3으로 편을 갈라서 제기를 코트 안에서 번갈아 차는 놀이예요.

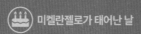

미켈란젤로가 태어난 날

3월 6일

1475년

이탈리아

근세

여기쯤

■ 있음
□ 없음

그림과 조각과 건축까지, 천재는 뭐든지 잘하네

고전 문화를 다시 부흥시키려고 한 부오나로티 미켈란젤로는
원래 직업이던 조각뿐 아니라 여러 분야에서 뛰어난 작품을 남겼어요.

이 대성당도
내 작품!

르네상스를 대표하는
다재다능한 예술가

이탈리아를 중심으로 중세 유럽에서 유
행한 고대 문화를 다시 일으키려 한 예술
운동이 르네상스야. 그리고 대표적인 르
네상스 예술가 중 한 명이 나란다. 회화,
조각, 건축 등 다양한 분야에 많은 작품을
남겼지. 대리석 조각상인 〈피에타〉와 〈다
비드〉, 시스티나 성당의 천장화인 〈최후의
심판〉도 내 작품이야. 레오나르도 다 빈치
와 라파엘로 산치오도 르네상스를 대표
하는 예술가였어.

★★★
퀴즈 | 다비드상을 소장한 아카데미아 미술관은 어느 도시에 있을까?

❶ 로마　　❷ 나폴리　　❸ 밀라노　　❹ 피렌체

정답 | ❹ 이탈리아 중부의 도시예요. 원래는 미술관과 가까운 시뇨리아 광장에 세워져 있었어요.

프랑크 왕국군이 이슬람군에 승리한 날

10월 25일

732년
프랑크 왕국
중세

□ 있음
■ 없음

여기쯤

기독계 세계를
지켜낸 프랑크 왕국

프랑크 왕국군과 이슬람군이 벌인 7일간의 전쟁이 끝났어요.
기독교 세계는 위기에서 벗어났어요.

7일이나 싸운 끝에 물리쳤다!

투르-푸아티에 사이에서 격돌하다

영토를 확장하려는 이슬람군이 유럽 땅으로 진격했어요. 피레네산맥을 넘어 루아르강까지 바짝 밀고 들어갔지요. 그 땅을 지배하던 기독교 세력의 아키텐 공작 에우도는 프랑크 왕국의 궁재(중세시대 궁정에서 가장 높은 직책)였던 카롤루스 마르텔에게 도움을 요청했어요. 이날 투르와 푸아티에 사이에서 양쪽 군대가 격돌했고, 기마병을 영리하게 움직인 프랑크 왕국이 승리했어요. 유럽은 기독교 세계를 지켜냈어요.

퀴즈 ★★★ **투르와 푸아티에는 지금 어느 나라의 도시일까?**

❶ 독일　　　❷ 프랑스　　　❸ 이탈리아　　　❹ 스페인

정답 | ❷ 투르는 프랑스 중부, 푸아티에는 프랑스 서부에 있는 도시예요.

3월 7일

모든 군사 활동 금지?!
그런 말은 듣지도 못했어

독일이 조약을 어기고 비무장지대(군사 활동을 금지하기로 한 땅)인 라인란트를 점령했어요. 이로 인해 히틀러에 대한 독일 국민의 믿음은 더욱 단단해졌어요.

위험한 도박에서 승리한 히틀러

라인란트는 독일 서부의 라인강 연안 지대를 말해요. 제1차 세계대전 후 독일은 프랑스, 영국과 조약을 맺고 강의 동쪽 지역을 비무장지대로 정했어요. 그런데 이날 독일이 조약을 무시하고 라인란트로 군을 보내 머물게 했어요. 독일의 지도자였던 히틀러는 프랑스와 영국이 반격하지 않을 거라고 판단했대요. 실제로 반격은 없었어요.

퀴즈 | 라인강의 길이는?

❶ 367킬로미터　　　　　❷ 1,233킬로미터
❸ 6,380킬로미터　　　　❹ 9,695킬로미터

정답 | ❷ 독일을 비롯해 유럽의 6개 나라를 지나며 흘러요.

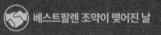 베스트팔렌 조약이 맺어진 날

10월 24일

1648년
신성 로마 제국  근세

□ 있음
■ 없음

여기쯤

30년이나 승부가 나지 않으니 모여서 회의하자

옛 독일에서 30년이나 계속된 전쟁은 이웃 나라까지 뛰어들며
판이 커지고 말았어요. 그래서 전쟁을 끝내기 위한 국제회의가 열렸어요.

시작된 것은 1618년이에요.

에휴, 30년씩이나 전쟁 중이라니.

슬슬 끝나면 좋겠어요.

전쟁을 끝내기 위한 최초의 국제회의

옛날에 신성 로마 제국이라는 나라가 있었어요. 기독교 안에서 가톨릭과 프로테스탄트 세력의 사이가 나빠지면서 30년 전쟁으로 불리는 전쟁이 일어났어요. 유럽의 여러 나라들도 끼어들면서 본격적인 대규모 국제 전쟁으로 번지고 말았지요. 전쟁을 멈추기 위해 독일 북쪽의 베스트팔렌 지방의 도시 뮌스터와 오스나브뤼크에 각 나라의 대표가 모여 전쟁에 마침표를 찍자고 약속했어요. 이날의 모임은 유럽 최초의 국제회의예요.

★★★ 퀴즈	현재의 뮌스터에서 특별히 유명한 탈 것은?
	❶ 자동차　　❷ 전기자동차　　❸ 마차　　❹ 자전거

정답 | ❹ 도시 인구보다 더 많은 자전거를 보유한 자전거 도시로 유명해요.

3월 8일

권리와 평화를!
목소리를 높인 여성들

이날 일하는 여성들이 여성을 둘러싼 여러 문제를 외치며 해결과 권리를 요구했어요.
이 사건이 계기가 되어 '국제적인 여성의 날을 만들자'라는 의견이 많아졌어요.

차별과 억압 없는 세상을 위해

미국 뉴욕의 여성 노동자들이 여성의 권리와 평화를 바라며 목소리를 높였어요.
확실하게 기념일로 정해진 것은 1975년이지만, 매년 이날은 '세계 여성의 날'로서
시위를 벌였던 여성들의 용기와 결단에 전 세계가 응원을 보내요. 지금도 성별이
다르다는 이유로 사회 참여, 교육, 직업, 생활 등에서 차별과 억압을 받지 않는 세
상을 만들자는 적극적인 요구 활동이 계속되고 있어요.

퀴즈 세계 여성의 날을 정한 기관은?

❶ 국제연합 　　　　❷ 유럽연합 　　　　❸ 세계보건기관

정답 | ❶ 1975년에 국제연합이 세계 여성의 날을 정했어요.

📖✏️ 제1차 오일쇼크가 일어난 날

10월 23일

1973년

세계 여러 나라

현대

■ 있음
□ 없음

마트에서 일용품이 사라졌다?!
석유가 부족하니 속수무책

중동에서 일어난 4번째 전쟁이 세계 경제에 큰 타격을 입혀서
사람들은 혼란에 빠졌어요.

전쟁 때문에 석유를 얻기 힘들어지다

이날 제1차 오일쇼크(석유파동)가 일어나서 세계 경제가 크게 흔들렸어요. 중동 전쟁에 참가한 아랍 국가들이 석유 생산량을 줄이고, 가격을 올리는 정책을 취한 것이 원인이었어요. 많은 나라가 아랍의 석유를 샀기 때문에 필요한 만큼 석유를 구하지 못하게 되었어요. 심지어 가격도 몇 배나 올라 전 세계가 난리가 났지요.

★★★ 퀴즈	석유로 만들지 않는 일용품은?		
	❶ 화장지	❷ 세제	❸ 스펀지

정답 | ❶ 화장지를 구하기 어려워질 거라는 소문이 퍼져서 앞다투어 사재기하는 현상이 일어났어요.

고문 끝에 학살이라니
너무 심하잖아

향신료 생산지인 암보이나(지금의 암본)섬에서 네덜란드와 영국의 다툼이 심각해졌어요. 네덜란드가 영국 상인들을 고문하고 죽이는 사건까지 일어났어요.

학살 사건으로 영국이 섬에서 물러나다

당시 네덜란드령이었던 암보이나라는 작은 섬에 네덜란드와 영국이 상업 활동을 위해서 '상관'이라는 사무소를 설치했는데, 돈이 많이 벌리는 향신료 무역을 독점하려고 충돌했어요. 그런 상황에서 영국이 네덜란드 상관을 습격하려던 음모가 드러났어요. 네덜란드는 영국 상인들을 붙잡아 심하게 고문했어요. 억지로 자백한 영국인 10명, 고용된 일본인 9명, 포르투갈인 1명을 살해하고, 섬에서 영국 세력을 쫓아냈어요.

★★★ 퀴즈 **암보이나섬에서 물러난 영국이 향한 곳은?**

❶ 스페인 ❷ 인도 ❸ 일본 ❹ 독일

정답 | ❷ 향료 가격이 내려가 네덜란드는 어려움을 겪었으나 인도로 이동한 영국은 면제품 생산으로 힘을 키웠어요.

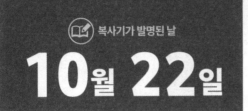

10월 22일

1938년

미국

현대

■ 있음
□ 없음

여기쯤

정전기를 이용한 복사기의 시작

지금은 회사뿐 아니라 일반 가정이나 동네 편의점에서도
볼 수 있는 복사기는 미국의 발명가가 만들었어요.

발명가 칼슨의 발명품들

이날 미국의 물리학자이자 발명가인 체스터 칼슨이 복사기를 발명했어요. 정전기를 사용해서 탄소 가루를 종이로 끌어오는 전자사진 '제로그래피'라는 기법이에요. 칼슨은 1942년에 특허를 받았고, '제록스'라는 회사를 세워 복사기가 세계적으로 팔리게 되었어요. 제로그래피를 만든 물리학 연구는 그 후에도 계속 발전을 거듭해 지금은 레이저 프린터 등을 만들어 내고 있어요.

 퀴즈 | **제록스의 복사기를 사용해서 크게 발전한 직업은?**

❶ 애니메이터　　❷ 카메라맨　　❸ 소설가　　❹ 극작가

정답 | ❶ 애니메이터가 그린 그림을 그대로 셀화(셀룰로이드판 원화)로 복사할 수 있게 되었기 때문이에요.

피에몬테 혁명이 시작된 날

3월 10일

1821년
이탈리아 · 근대
여기쯤
■ 있음
□ 없음

민주적인 헌법을
만들어서 독립하겠어

오스트리아의 지배를 받던 이탈리아에서 자유를 쟁취하고 헌법을
마련하자는 애국 운동이 일어났어요. 피에몬테 혁명도 그중 하나예요.

민중의 지지를 받지 못하고 끝난 반란

19세기에 일어난 이탈리아 통일 운동을 초기에 주도한 조직이 카르보나리*라는
비밀 결사예요. 카르보나리는 자유와 헌법 제정을 원했어요. 제일 먼저 나폴리 왕
국에서 반란을 일으켰고, 그다음으로 사르데냐 왕국에서 일으킨 반란이 피에몬테
혁명이에요. 하지만 카르보나리는 돈이 많은 부르주아 집단으로, 민중의 지지를
얻지 못해 얼마 지나지 않아 진압되고 말았어요.

* '숯을 굽는 사람'이란 뜻으로, 숯을 굽고 파는 숯장수로 위장한 것이 이름의 유래예요.

퀴즈 당시 사르데냐 왕국의 수도였던 2006년 동계올림픽 개최 도시는?

❶ 로마　　❷ 밀라노　　❸ 나폴리　　❹ 토리노

정답 | ❹ 지금은 피에몬테주의 중심 도시예요.

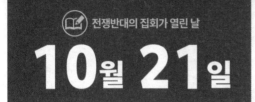

10월 21일

1966년

미국

여기쯤

현대

■ 있음
□ 없음

전쟁 반대!
10만 명이 평화를 외치다

베트남에서 벌어진 전쟁은 1960년대에 점점 격렬해졌어요.
이 전쟁을 반대하는 사람들이 워싱턴에 모여 큰 집회를 열었어요.

전쟁 반대!

미국의 수도 워싱턴에서
열렸다는 사실에 의미가 있다!

반대 NO

워싱턴에서 열린 베트남 전쟁 반대 시위

베트남은 제2차 세계대전이 끝난 뒤 남북으로 나뉘어 나라 안에서 전쟁을 반복했
어요. 미국군이 개입하면서 전투는 더욱 심해지고 말았지요. 이러한 상황에 반대
하는 사람들이 이날 미국의 워싱턴에서 큰 집회를 열었어요. '펜타곤 대행진'이라
고 불린 이 시위에 참여한 사람은 10만 명을 넘었다고 해요.

퀴즈 현재의 베트남에서 사용되는 돈의 단위는?

❶ 갱   ❷ 구프   ❸ 동   ❹ 자크

정답 | ❸ 베트남의 수도는 하노이 인구는 1억 명이에요.

플레밍이 사망한 날

3월 11일

1955년
영국
현대
여기쯤

■ 있음
□ 없음

세계 최초의 항생물질은 파란 곰팡이에서 발견되었다

감염병은 증상을 약하게 만드는 정도가 최선의 치료였어요. 알렉산더 플레밍이 발견한 페니실린은 감염증에 효과를 발휘하는 최초의 약이 되었어요.

파란 곰팡이

오호라

으악! 도망가자~

페니실린을 발견한 의사

군대에서 의사로 일할 때 상처를 통한 감염으로 목숨을 잃는 병사를 많이 봤어. 그때 나는 세균을 없애는 약을 만들자고 결심했지. 세계 최초의 항생물질* 페니실린이 그 성과라고 할 수 있어. 파란 곰팡이가 자라는 곳에만 세균이 사라진 것을 보고, 파란 곰팡이가 만드는 화학물질의 살균작용을 알아차렸지. 이것으로 노벨 생리학·의학상도 받았어.

* 병을 일으킨 세균에 직접 작용하여 낫게 하는 약을 말해요.

 퀴즈 우리나라 노벨상 수상자는 몇 명일까?

❶ 0명   ❷ 1명   ❸ 2명   ❹ 5명

정답 I ❸ 2000년 노벨평화상을 받은 김대중 대통령과 2024년 노벨문학상을 받은 작가 한강이에요..

대장정에 성공한 날

10월 20일

1935년
중화 소비에트 공화국 · 현대

☐ 있음
■ 없음

여기쯤

행군 거리만
1만 킬로미터 이상!

중국의 마오쩌둥이라는 정치인이 이끌던 공산당 군대는 경쟁 세력에게
패배해서 1만 킬로미터가 넘는 거리를 걸어서 이동했어요.

언젠가 노력으로 세상을 바꿀 거야!

많은 목숨을 앗아간 대장정

중국의 공산당 군대가 경쟁 세력인 국민당 군대와의 전투에서 졌어요. 그래서 이
날 장시성에서 산시성까지 걸어서 도망쳤어요. 그 거리가 무려 1만 2,500킬로미
터나 되어서 이를 '대장정'이라고 불러요. 공산당군은 1년이 넘는 시간 동안 전투
를 하며 이동했기 때문에 8만 명이던 병사가 8,000명으로 줄고 말았어요.

퀴즈 ★★★ 중국 공산당이 나라를 세운 것은 몇 년도일까?

❶ 1949년 　　❷ 1950년 　　❸ 1951년 　　❹ 1952년

정답 | ❶ 중국 공산당이 제2차 세계대전이 끝난 뒤 소비에트 연방의 도움을 받아서 세운 나라가 지금의 중국이에요.

쑨원이 사망한 날

3월 12일

1925년
중화민국(대만) 현대

■ 있음
□ 없음

여기품

민족 자립을 위한 길은
혁명뿐이다

중화민국을 일으켜 청 왕조를 쓰러뜨린 혁명가 쑨원은
중국국민당을 결성하는 등 이상적인 나라를 만들기 위해 생애를 혁명에 바쳤어요.

민족

민권   민생

3가지가
중요해.

삼민주의를 내건
중국 혁명의 아버지

내가 혁명 운동에서 중요하게 생각한 것은 세 가지였어. 첫 번째는 민족주의(민족의 자유와 독립), 두 번째는 민권주의(국민의 정치적 평등), 세 번째는 민생주의(국민의 사회적 평등)로 '삼민주의'야. 나는 중화민국을 건국해서 외국과 전쟁을 치르며 국력이 꺾인 청 왕조를 쓰러뜨리는 것에 성공했어. 그래서 '중국 혁명의 아버지'라고 불려. 나는 인민이 주권을 가진 아시아 최초의 공화국인 중화민국의 임시 대총통이 되었지만, 금방 지위를 빼앗겼어.

퀴즈 현재 중화민국의 최고 지도자는 뭐라고 부를까?

❶ 총통   ❷ 대총통   ❸ 대통령   ❹ 국가주석

정답 | ❶ 현재의 국가 원수는 제7대 총통인 차이잉원이에요.

🎂 뤼미에르가 태어난 날

10월 19일

1862년
프랑스
근대

■ 있음
□ 없음
여기쯤

영화를 대형 스크린으로 보고 싶어

프랑스의 뤼미에르 형제는 새로운 기계 '시네마토그래프'를 만들었어요.
이 기계 덕분에 여럿이서 영화를 볼 수 있게 되었어요.

영화의 아버지로 불린 형제

우리 뤼미에르 형제는 에디슨이 완성한 원리를 이용해서 영화를 커다란 스크린에 비추는 방법을 찾았어. 여러 사람이 동시에 감상할 수 있는 '시네마토그래프'를 만든 거야. 그래서 '영화의 아버지'라고 불리게 되었지. 나는 첫째인 오귀스트인데, 이날 태어났어. 생물학자였지만, 아버지가 사진관을 운영해서 그 영향으로 사진에 대한 지식과 기술이 있었어.

 퀴즈 | 소리가 없는 무성 영화에 맞추어 내용을 설명하던 사람은?

❶ 변사　　　❷ 만담가　　　❸ 배우　　　❹ 성우

정답 | ❶ 이 무렵의 영화는 소리가 없어서 옆에서 악기를 연주하거나 변사라는 사람이 내용을 설명하고 표현했어요.

천왕성이 발견된 날

3월 13일

1781년

영국

근대

여기쯤

■ 있음
□ 없음

역사적 발견!
천왕성을 찾다

별에 대해 잘 알고 천왕성을 발견한 음악가는 그 밖에도 약 2,500개의 별을
발견했어요. 천왕성은 태양계의 행성 중에서는 세 번째로 큰 별인데,
지구에 가장 가까이 접근하는 시기에는 눈으로도 볼 수 있답니다.

직접 만든 망원경으로 별을 발견한 음악가

이날 영국에서 천왕성이라는 행성이 발견되었어요. 이 역사적인 발견을 해낸 사람
은 다름 아닌 음악가예요. 독일에서 태어난 그는 음악가였지만, 천문학도 공부했
어요. 생전에 약 400대의 망원경을 직접 만들었는데, 천왕성을 발견할 때 사용한
것도 손수 제작한 망원경이었대요. 그는 별을 가장 많이 발견한 인물이기도 해요.

퀴즈 천왕성을 발견한 인물은 누구?

❶ 아인슈타인　　　❷ 허셜　　　❸ 뉴턴

정답 l ❷ 윌리엄 허셜은 오르간 연주자였어요.

소련 탐사기가 금성에 착륙한 날

10월 18일

1967년
소비에트 연방
현대

□ 있음
■ 없음

여기쯤

세계 최초로 무인탐사기가
금성에 착륙하다

1950년대부터 소련은 발 빠르게 우주 진출에 성공했어요.
그리고 마침내 금성에 무인탐사기를 착륙시켰어요.

지구에서 **4개월이나** 걸렸어요!

금성

금성이 죽음의 세상이라니

이날 소련이 쏘아 올린 탐사기 '베네라(금성) 4호'가 세계에서 처음으로 금성 대기권 진입에 성공했어요. 베네라 4호는 금성의 대기를 조사했고, 대부분이 탄산가스라는 사실을 알아냈어요. 약 8년 후에는 '베네라 9호'가 착륙해서 무려 480도에 육박하는 표면 온도를 조사했어요. 금성의 조사 결과는 지구 온난화의 원인을 찾는 힌트가 되었어요.

퀴즈

베네라 4호의 임무 수행 다음 날
금성을 관측했던 것은 어느 나라의 탐사선일까?

❶ 미국　　　❷ 독일　　　❸ 영국　　　❹ 프랑스

정답 | ❶ 미국과 소련은 우주 진출 분야에서 경쟁한 라이벌이었어요.

마르크스가 사망한 날

3월 14일

1883년
영국
근대
여기쯤
■ 있음
□ 없음

자본주의 다음 순서를 내가 알려줄께

사상가 카를 마르크스는 엥겔스와 함께 마르크스 경제학을 완성하고, 자본주의의 문제점을 날카롭게 분석한 《자본론》을 발표했어요. 마르크스는 글씨를 못 썼는데, 엥겔스 말로는 그가 쓴 글을 제대로 읽을 수 있는 사람이 없었대요.

사회주의 시대를 예상한 마르크스

내가 친구 프리드리히 엥겔스의 도움을 받아서 완성한 경제학 체계가 마르크스 경제학이야. 모든 내용을 한데 모은 결정체가 바로 《자본론》이지. 경제학을 배우는 학생들의 필독서로 꼽힌다지. 나는 자본주의* 끝에는 사회주의와 공산주의**의 시대가 온다고 예상했는데, 진짜 그렇게 되었니?

* 개인이 자유롭게 돈을 모으고 토지를 소유해도 좋다는 생각이에요.
** 모두가 평등해지도록 모든 이익을 공동재산으로 지닌다는 생각이에요.

퀴즈	세계 최초의 사회주의 국가는?			
	❶ 중국	❷ 소비에트 연방	❸ 쿠바	❹ 북한

정답 | ❷ 소비에트 사회주의 공화국연방은 1922년에 성립된 최초의 사회주의 국가예요.

쇼팽이 사망한 날

10월 17일

1849년
폴란드
근대
여기쯤

■ 있음
□ 없음

피아노의 시인으로 불린 천재 피아니스트

쇼팽은 죽을 때까지 쉬지 않고 연주와 작곡 활동을 했어요.
영국 여왕 앞에서 연주할 만큼 실력이 좋았지요.

3가지 다른 그림을 찾아라!

병마와 싸우면서도 연주를 계속하다

피아니스트이면서 작곡의 재능도 넘쳤던 프레데리크 쇼팽은 어릴 때부터 피아노를 잘 쳤고, 8살 무렵에는 직접 만든 곡을 많은 사람 앞에서 연주하며 들려줬다고 해요. 18살이 되었을 때 진지하게 음악을 배우고 싶었지만, 전쟁 때문에 유학하고 싶었던 나라에 갈 수 없었어요. 그래도 여러 나라를 떠돌며 작곡 활동을 계속했고, 연주로 사람들에게 즐거움을 선사했어요. 병에 걸려 세상을 떠날 때까지 230곡이 넘는 명곡을 남겼어요. 고향을 걱정하며 〈혁명〉이라는 유명한 곡도 만들었지요.

정답 | ❶ 음표 ❷ 악보 ❸ 피아노 건반

📖 헝가리 혁명이 시작된 날

3월 15일

1848년
헝가리   근대
여기쯤
■ 있음
□ 없음

시대의 흐름에 늦지 마라!
정의는 우리에게 있다

유럽 각지에서 시민들이 자유를 갈망하며 행동에 나섰어요. 헝가리에서도 혁명이 일어나 새로운 정부가 생겼고, 오스트리아의 지배를 거부하며 독립을 선언했어요.

우리도 독립하고 싶었는데

이 무렵 유럽 곳곳에서는 한 명의 지배자가 나라 전체를 다스리는 군주제 국가에 대한 반란이 잇달아 일어났어요. '1848년 혁명'으로 불리는 전 유럽적인 자유주의 운동은 헝가리에도 퍼졌어요. 부다페스트에서 시민들이 봉기하여 오스트리아에게서 농노제* 폐지 등을 인정받는 것에 성공했어요. 그리고 다음 해 새로운 정부가 독립을 선언했어요. 하지만 러시아 제국이 오스트리아의 조력자로 나서며 독립은 실패로 끝나고 말았어요.

*농민이 노동과 토지 비용을 일방적으로 부담하고, 땅 주인에게 강제적인 지배를 받는 제도를 말해요.

★★★
퀴즈   현재 헝가리의 화폐 단위는?

❶ 달러   ❷ 유로   ❸ 포린트   ❹ 길더

정답 | ❸ 유럽연합에 가입했지만, 유로가 아니라 독자 통화인 포린트를 사용해요.

10월 16일

많이 먹어서 행복한
세상을 만들자

'먹는 일'은 사람이 살아가는 데에 매우 중요해요. 이날은 국제연합이
세계의 식량과 생활을 개선하기 위해 국제연합식량농업기구(FAO)라는
전문기관을 창립한 날이에요.

식량 문제 해결이 필요하다

세상에는 지금, 이 순간에도 먹을 것이 없어서 고통을 겪는 사람이나 목숨을 잃는
사람이 많아요. '세계 식량의 날'은 음식을 충분히 먹지 못해서 힘든 사람을 줄이자
는 생각으로 생긴 날이에요. 세계의 연간 식량 생산량은 약 26억 톤으로, 전 세계
사람이 만족스럽게 음식을 먹을 수 있을 만한 양이라고 해요. 해결해야 할 문제가
아직 많지만, 모든 사람이 안전하고 영양이 풍부한 맛있는 음식을 배불리 먹을 수
있는 세상을 만들기 위해 계속 노력하고 있어요.

	현재 세계에서 1년 동안 버려지는 식량의 양은?		
퀴즈	❶ 1톤	❷ 5,000톤	❸ 13억 톤

정답 I ❸ 음식물 쓰레기 등으로 매년 약 13억 톤이 버려지고 있어요.

처음으로 액체연료로켓이 발사된 날

3월 16일

1926년 ——
미국
현대

■ 있음
□ 없음

여기쯤

우주를 향한 첫걸음을 아무도 알아주지 않다니

세계 최초의 액체연료로켓을 쏘아 올린 고더드의 대단함을
당시에는 이해하지 못했어요. 그가 인정받았을 때는 이미 세상을 떠난 뒤였어요.

운이 나빴던 근대 로켓의 아버지

이날 매사추세츠주 오번의 농장에서 로켓 공학자인 로버트 고더드가 어떤 실험에
성공했어요. 바로 사상 최초의 액체연료로켓 발사였죠. 고더드는 그 후에도 연구
를 이어갔지만, 주변 사람들은 대부분 그를 무시했어요. 가까스로 인정받았던 것
은 그가 세상을 떠난 다음이었어요. 고더드는 일생 동안 200개가 넘는 특허를 받
았는데, 우주 진출 계획을 진행하던 미국 정부가 사들여 지금은 '근대 로켓의 아버
지'로 불리고 있어요.

퀴즈 로켓의 어원 '록끼토(Rocchetto)'는 무슨 언어일까?

❶ 영어 　　**❷** 이탈리아어 　　**❸** 스페인어 　　**❹** 포르투갈어

정답 ❷ 실을 감는 도구인 실패예요. 이탈리아에서 만들어진 원통형 실패가 로켓과 비슷해서 이런 이름이 붙었어요.

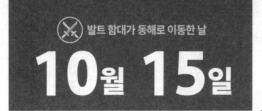

아직 패배하지 않았어, 최강 함대 출격!

일본과 러시아가 싸웠던 러일전쟁에서 끈질기게 버틴 일본군이 유리했지만, 러시아는 조바심을 내지 않았어요. 최강이라 불리는 함대를 갖고 있었거든요.

우리가 세계 최강이야~!

으 하 하

후 후 후…

연료랑 식량은 보급해 주지 않을 거야.

영국의 도움으로 러시아를 이기다

일본과 러시아 사이에 전쟁이 터졌어요. 이날 러시아는 세계 최강이라고 불리던 발트 함대를 동해로 보냈어요. 하지만 일본 편에 섰던 영국이 발트 함대가 세계 곳곳의 영국 식민지 항구에 접근할 수 없도록 방해 공작을 펼쳤어요. 그래서 발트 함대는 연료가 없는 상태로 동해에 도착했고, 일본 함대는 급선회하는 등 생소한 작전을 펼쳐서 러시아를 격파했어요. 이 전쟁은 일본과 러시아가 포츠머스 조약을 맺으면서 끝났어요.

퀴즈 | 러일전쟁에서 러시아군이 효과적으로 사용한 최신 병기는?

❶ 비행기　　　❷ 전차　　　❸ 칼　　　❹ 기관총

정답 | ❹ 러시아군은 기관총을 들고 잠복했다가 다가온 일본군을 차례로 쓰러뜨렸어요.

🎂 다임러가 태어난 날

3월 17일

1834년
독일 · 근대
■ 있음
□ 없음
여기쯤

지금부터
가솔린 자동차의 시대다

19세기 후반 가솔린으로 움직이는 자동차를 탄생시킨 다임러는
이륜차와 사륜자동차에 새로운 엔진을 장착해서 달리게 했어요.

고속 엔진으로 움직이는 새로운 탈것의 등장

독일의 기술자 고틀리프 다임러는 소형 고속 가솔린 엔진 개발에 성공하고, 그 엔진을 실은 세계 최초의 이륜차(바퀴 두 개)를 만들었어요. 그다음 해에는 세계 최초의 사륜자동차도 달리게 해서 '자동차의 아버지'라고 불려요. 다임러의 경쟁상대로 같은 시기에 활동한 칼 벤츠라는 기술자가 있는데, 다임러가 세상을 떠난 뒤 두 사람의 회사는 하나로 합쳐져서 다임러 벤츠사(현재의 다임러사)가 되었어요.

 퀴즈 다임러사가 가진 세계적인 브랜드의 이름은?

❶ 메르세데스　　❷ 포드　　❸ 아우디　　❹ BMW

정답 | ❶ 지금은 메르세데스 벤츠사로 회사 이름이 바뀌었어요.

10월 14일

잉글랜드 왕은 바로 나!
왕좌 쟁탈전

영국이 아직 여러 나라로 나뉘어 있던 11세기 무렵,
잉글랜드 왕의 자리를 두고 윌리엄과 해럴드 2세가 전쟁을 벌였어요.

윌리엄 vs. 해럴드 2세

옛날에 영국은 4개의 나라로 나뉘어 있었어요. 그중 하나인 잉글랜드 왕 자리를 차지하려고 대립한 사람이 노르망디 공 윌리엄과 제 발로 왕위에 오른 귀족 해럴드 2세예요. 이날 두 사람의 군대는 헤이스팅스에서 맞붙었어요. 노르만군을 이끈 윌리엄은 말에 탄 군사를 노련하게 이용해서 해럴드를 무찔렀어요. 이 전투는 '노르망 콘퀘스트(노르만 정복)'라고 불려요.

퀴즈
지금의 영국은 잉글랜드, 스코틀랜드, 북아일랜드와 무엇이 합쳐졌을까?

❶ 웨일스　　❷ 아일랜드　　❸ 아이슬란드　　❹ 호그와트

정답 | ❶ 영국의 정식 이름은 '그레이트 브리튼 및 북아일랜드 연합왕국'이에요.

🎂 디젤이 태어난 날

1858년
프랑스

근대

■ 있음
□ 없음

여기쯤

3월 18일

커다란 것을 움직일 때는
디젤에게 맡겨줘

발명자 디젤의 이름을 딴 디젤 엔진은 순식간에 세계로 퍼졌어요.
지금도 대형 자동차나 배에 사용되고 있어요.

집채같이 큰 것을 움직이는 게 특기!

짜자잔!

발명가의 이름을 딴 새로운 엔진

승용차나 오토바이에는 휘발유 엔진이 사용되지만, 트럭이나 버스처럼 대형 차량
과 배에는 디젤 엔진이 사용돼요. 이 디젤 엔진을 발명한 사람은 루돌프 디젤이에
요. 기술자로 경험을 쌓으면서 내연기관* 개발을 시작하여 디젤 엔진을 발명했어요.
빠른 속도로 달릴 때는 불리하지만, 큰 힘을 낼 때 적합해서 지금도 많은 분야에서
이용되고 있어요.

*연료를 태워서 발생하는 가스를 물체를 움직이는 힘으로 바꾸는 기관을 말해요.

 퀴즈 디젤 엔진의 주요 연료는?

❶ 가솔린 ❷ 경유 ❸ 수소 ❹ LPG

정답 l ❷ 주유소에서는 경유라고 표시해요.

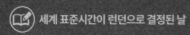 세계 표준시간이 런던으로 결정된 날

10월 13일

1884년

영국

근대

■ 있음
□ 없음

여기쯤

런던이 안정되었으니 세계의 표준시간으로 하자

전 세계가 활발하게 교류하면서 시간에 대한 공통적인 기준이 필요해졌어요.
그래서 당시 정치적으로 안정되어 있던 런던을 기준으로 시간을 정했어요.

그리니치 천문대를 통과하는 세로선이 기준

이날 미국의 워싱턴에서 국제 자오선 회의가 열렸어요. 영국 런던의 그리니치 천문대를 통과하는 자오선을 '경도 0도'로 삼자고 정했지요. 경도 0도의 시각은 세계 공통의 기준이 되고, 경도 15도마다 1시간씩 늘어나요. 그때까지는 나라마다 다른 시간을 사용했지만, 많은 사람이 국경을 넘어 교류하게 되면서 혼란을 해결할 표준시간이 필요해졌어요.

 퀴즈 | **세계 표준시간보다 9시간 빠른 우리나라 표준시의 기준점은 어디일까?**

❶ 효고현 아카시시   ❷ 도쿄도 신주쿠구

❸ 오사카부 오사카시   ❹ 쿄토부 쿄토시

정답 | ❶ 세로선의 동경 135도에 해당하는 일본 표준시를 같이 공유하고 있어요.

📖 사그라다 파밀리아 성당의 공사가 시작된 날

3월 19일

1882년

스페인

근대

■ 있음
□ 없음

여기쯤

생각을 형태로 표현하기에는 인생이 너무 짧다

개성적인 디자인으로 유명한 건축가 안토니 가우디의 인생을 대표할 걸작으로 작업한 사그라다 파밀리아 성당은 가우디가 세상을 떠난 지금도 계속 짓고 있어요.

나도 이제 모르겠어.

지금도 계속 짓고 있는 사그라다 파밀리아

내 작품을 좋아한 대부호 에우세비오 구엘 백작 덕분에 정말 많은 일을 해낼 수 있었어. 사그라다 파밀리아 성당(성가정 성당)을 건축하는 것도 그중 하나였지. 그런데 자금 부족과 여러 문제가 생기는 바람에 신속히 진행되지 못했어. 나는 이미 죽었는데 아직도 미완성 상태지 뭐야. 제대로 된 설계도조차 없는 상황이지만, 그나마 많은 건축가의 노력 덕분에 2026년 정도에 완성될 예정이래.

★★★
퀴즈 현재 사그라다 파밀리아 건축의 조각가는 어느 나라 사람일까?

❶ 스페인　　❷ 이탈리아　　❸ 일본　　❹ 한국

정답 | ❸ 일본인 조각가 소토 에츠로가 2013년부터 작업을 지휘하고 있어요.

콜럼버스가 북아메리카대륙을 발견한 날

10월 12일

1492년
아메리카 대륙 근세

■ 있음
□ 없음

여기쯤

인도가 아니라
신대륙이었다니

탐험가 크리스토퍼 콜럼버스는 유럽에서 배를 타고 출발해서 목적지인 인도에 잘 도착했다고 생각했어요. 하지만 그곳은 신대륙이었어요. 이 대륙은 탐험가 아메리고 베스푸치의 이름을 따서 아메리카라고 부르기로 했어요.

우와~
여기가 인도인가!

거기 아니라니까...

콜럼버스가 착각하여 이름 붙인 섬

나는 배를 타고 항해를 떠나서 서인도 제노를 발견했어. 그런데 내가 발견한 긴 인도가 아니라 북아메리카 대륙의 동남쪽에 있는 섬이었어. 원주민의 그을린 피부색을 보고 인도라고 착각했던 거야. 그래서 원주민을 인디언이라고 부르고, 섬들의 이름도 인도라는 말을 넣어서 지었지 뭐야.

퀴즈 콜럼버스는 아메리카 대륙에서 무엇을 사고팔기 시작했을까?

❶ 농업　　　　　　　　　　❷ 어업
❸ 원주민을 노예로　　　　　❹ 희귀한 동물 상인

정답 | ❸ 현지인을 살해하거나 노예로 삼았기 때문에 탐험을 지원했던 스페인 여왕을 화나게 했어요.

🎂 라흐마니노프가 태어난 날 (율리우스력)

3월 20일

1873년

러시아 제국

근대

□ 있음
■ 없음

여기쯤

연주하면서 떠올린 것은 나의 조국 러시아

순탄했던 세르게이 라흐마니노프의 음악가 인생이 러시아 혁명으로 완전히 뒤흔들렸어요. 바다를 건너 망명한 그는 죽을 때까지 조국으로 돌아갈 수 없었어요.

음악은 마음에서 태어나! 마음에 닿지 않으면 의미가 없어.

혁명으로 인생이 바뀐 음악가

아내와 친구들에게 사랑받으며 지휘자로서, 작곡가로서, 피아니스트로서도 성공을 거둔 나, 라흐마니노프는 러시아 혁명으로 모든 것이 바뀌었어. 망명*한 뒤 미국에서 편안하게 지낼 수 있었지만, 예전처럼 창작 의욕이 생기지 않았거든. <u>호밀밭과 자작나무숲이 술렁이는 소리도 들을 수 없는데 어떻게 작곡을 할 수 있겠어.</u> 이후 귀국을 허락받았지만 사회주의 국가가 된 조국으로 돌아가지 않았어.

* 정치적인 이유로 외국으로 몸을 피하는 일을 말해요.

★★★
퀴즈 라흐마니노프와 교류했던 러시아의 대음악가는?

❶ 무소르그스키   ❷ 쇼스타코비치   ❸ 보로딘   ❹ 차이코프스키

정답 | ❹ 〈백조의 호수〉, 〈잠자는 숲속의 공주〉로 유명해요.

모래에 파묻힌 오아시스의 도시

현재의 중국 신장웨이우얼자치구에 존재했고,
사막의 오아시스였던 고창국은 당나라에 의해 멸망했어요.

많은 나라가 호시탐탐 노리던 고창국

중앙아시아의 투루판 분지 일대를 지배했던 고창국이 이날 당나라가 대규모 군대를 이끌고 쳐들어와서 없어지고 말았어요. 고창국은 여행자가 사막 한가운데에서 물과 음식을 얻는 오아시스 도시였어요. 그래서 언제나 중국과 주변 유목 국가(말과 양을 키우며 사는 나라)가 호시탐탐 차지할 기회를 노리고 있었지요. 그 유적은 20세기까지 모래에 파묻혀있었어요.

퀴즈 | 고창국이 등장하는 이야기는?

❶ 서유기 ❷ 모모타로 ❸ 걸리버 여행기 ❹ 반지 이야기

정답 | ❶ 불교 연구를 위해 인도로 여행을 떠난 삼장법사가 들린 곳이 고창국이에요.

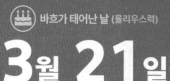 바흐가 태어난 날 (율리우스력)

3월 21일

1685년
독일
근세
여기쯤
■ 있음
□ 없음

많은 작품으로 사랑받고 있는
음악의 아버지

바흐의 위대함은 지금도 전 세계 사람들에게 잘 알려져 있어요.
바흐는 베토벤, 브람스와 함께 독일 3대 작곡가로 꼽히고,
세 사람 이름의 앞 글자인 B를 따서 '독일 음악의 3B'라고도 불려요.

'가장 대단한 인물'이라는 칭호를 받다

18세기에 음악가로 활동한 요한 제바스티안 바흐는 작곡하면서 직접 악기도 연주했어요. 오늘날에도 모르는 사람이 없을 정도로 매우 유명한 바흐는 '음악의 아버지'라고 불리지요. 바흐의 가족은 모두 음악가였는데, 다른 가족과 구별하기 위해 가족 중에서 가장 대단한 인물이라는 뜻으로 그를 '대바흐'라고도 불렀대요.

 퀴즈 ★★★ **바흐가 작곡한 곡은?**
❶ 〈엘리제를 위하여〉 ❷ 〈터키행진곡〉 ❸ 〈G선상의 아리아〉

정답 | ❸ 당시 독일에서 인기가 높던 음악단의 공연을 위해 만든 악곡이에요.

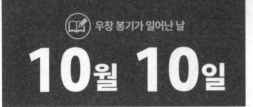

우창 봉기가 일어난 날

10월 10일

1911년
청
현대

□ 있음
■ 없음

여기쯤

계속되는 패배에 힘을 합친
병사와 혁명군

지금의 중국과 그 주변 나라를 지배했던 청나라는 영국 및 일본과 전쟁을 벌였지만, 줄줄이 패배했어요. 결국 혁명군과 병사가 협력해서 쿠데타를 일으켰어요.

모두 힘을 모으자!

이번에는 질 수 없지!

이 쿠데타는 얼마 지나지 않아 규모가 커졌어요.

병사들의 반란으로 중화민국이 세워지다

청나라에서 병사들이 반란을 일으켰어요. 청나라는 전쟁에서 진 이후 유럽과 일본의 명령에 따라야 하는 입장이었어요. 국민들은 일자리도 없는데 세금만 잔뜩 갈취당했어요. 그래서 무력으로 사회를 바꾸려는 조직이 꾸려졌지요. 혁명조직은 우창이라는 도시의 병사들을 설득해 동료로 끌어들였고, 총독관청으로 가서 청나라 정부를 쓰러뜨렸어요. 그 후 중화민국이라는 이름으로 혁명정부를 세웠어요.

퀴즈

청나라 황제 푸이는 나중에 어느 나라의 황제가 되었을까?

❶ 만주국　　❷ 큐슈국　　❸ 구주국　　❹ 호주국

정답 | ❶ 만주국은 1932년에 건국되었으나, 1945년에 소멸했어요.

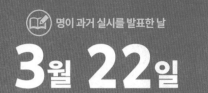

최난관 시험!
과거 합격은 출세의 지름길

중국에서 1,300년 동안 실시된 관직 선발 시험인 과거제도는
원나라 시대에 한 번 열기가 식었지만, 명나라의 홍무제에 의해 부활했어요.

졸려~ / 좁아~ / 어려워~

전통적인 시험법이 명나라 시대에 부활하다

중국에서 '선거'는 관리 채용시험을 가리켜요. 과거는 과목으로 치르는 선거라는
뜻이고요. 여러 종류의 학과로 나눠 실시되는 시험이에요. 587년 수나라 시대부
터 시작되어 무려 1,300년 동안 실시되었답니다. 전성기인 송나라 시대에 한 과목
으로 줄었지만, 이름은 바뀌지 않았어요. 원나라 시대에는 영향력이 한풀 꺾였는데,
원나라를 멸망시킨 명나라의 홍무제가 과거를 실시하면서 다시 활발해졌어요.

퀴즈 명은 한족이 세운 나라인데, 그렇다면 원나라는?

❶ 야마토족　　❷ 조선족　　❸ 만주족　　❹ 몽골족

정답 | ❹ 1271~1368년에 걸쳐 존재했던 몽골족이 세운 왕조예요.

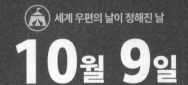

🏛 세계 우편의 날이 정해진 날

10월 9일

1969년
스위스
현대
■ 있음
□ 없음
여기품

국제 우편 규정 확정!
외국에 편지를 보낼 수 있어

외국으로 편지를 보내는 국제 우편법을 정한 것은
세계 각국의 우체국이 가입한 만국우편연합(UPU)이에요.

만국우편연합의 역할

우편 업무의 국제기관인 만국우편연합은 1874년의 이날 태어났어요. 우편물이
전 세계를 오갈 수 있도록 국세 우편 시스템을 징하고 운영을 권장해요. 이 조직이
새롭게 만들어진 것을 기념하는 날이 '세계 우편의 날'이랍니다. 지구 어디에서나
같은 가격으로 우편을 보내고, 국제 우편과 국내 우편을 동시에 취급하고, 어느 나
라 우표든지 운송료 지불의 증표로 통하는 것은 모두 만국우편연합의 규정 덕분이
에요.

퀴즈
★★★
만국우편연합 본부는 어느 나라에 있을까?

❶ 미국　　　　❷ 러시아　　　　❸ 스위스　　　　❹ 일본

정답 | ❸ 만국우편연합의 첫 회의가 열린 스위스 베른에 본부가 있어요.

세계 기상의 날이 정해진 날

3월 23일

1961년
세계 여러 나라
현대
■ 있음
□ 없음

세계의 기상 정보를 모아서 인류 활동에 도움을 주자

세계기상기구(WMO)는 국제연합의 전문 기구예요.
참가국끼리 정보를 교환하고, 기상에 관한 여러 활동을 펼치고 있어요.

날씨를 다루는 국제 전문 기구

1950년에 국제연합의 전문 기구 중 하나로 태어난 WMO는 세계의 기상과 관련된 활동을 조정하거나, 문제를 개선하는 역할을 맡고 있어요. 4년마다 회의를 열고 세계의 여러 나라가 정보를 교환해요. 기상뿐 아니라, 인류에게 도움이 되는 것도 목적 중 하나로 정해져 있어요. 세계 기상의 날은 WMO가 생긴 것을 기념하며 정해졌어요.

퀴즈 WMO처럼 국제연합의 전문 기구인 세계보건기구의 약칭은?

❶ INF　　❷ UNESCO　　❸ WHO　　❹ WWW

정답 | ❸ 1948년에 설립되었으며, 모든 인류가 최상의 건강 수준에 도달할 수 있도록 돕는 것이 목적이에요.

10월 8일

1856년

청

근대

여기쯤

□ 있음
■ 없음

차별 반대!
더는 참을 수 없어

당시 청나라에서는 외국인에 대한 부정적인 감정이 눈에 띄게
드러나기 시작했어요. 이러한 분위기에 더해 청나라와의 무역 성과가
좋지 않았던 영국의 불만이 폭발하여 전쟁이 시작되었어요.

3가지 다른 그림을 찾아라!

전쟁의 계기가 된 사건

이날 청나라 광저우의 강에 정박해 있던 애로호를 청나라 관리가 검문했어요. 그
결과 12명의 승무원이 해적으로 의심받아 체포되었어요. 이 배는 선장이 영국인
이었기 때문에 영국 국기가 걸려있었어요. 영국 국기도 단속 과정에서 내려졌지요.
영국은 국기와 명예가 훼손되었다고 분노하며 프랑스와 손잡고 전쟁을 일으켰고,
광저우를 차지했어요. 청나라에 불만을 품고 있던 다른 나라도 이 흐름에 동참하
면서 이 사건은 애로호 전쟁으로 번졌어요. '애로호 사건'을 계기로 일어난 전쟁은
아편 전쟁 다음에 일어났기 때문에 '제2차 아편전쟁'이라고도 해요.

정답 | ❶ 왼쪽 사람이 든 무기 ❷ 앞 사람이 손에 든 꽃 ❸ 국기

📖 코흐가 결핵균을 발견한 날

3월 24일

1882년
독일
근대

여기쯤

■ 있음
□ 없음

두려움의 대상이었던
결핵의 정체를 찾았어

독일의 세균학자 로베르트 코흐는 세균이 동물의 병원체가 된다는 것을 증명했어요.
결핵의 원인이 되는 병원체와 결핵균을 발견한 덕분에 증명된 사실이에요.

이것인가!

코흐의 발견 덕분에 결핵을 정복하다

죽을병으로 알려져 두려움의 대상이었던 결핵을 일으키는 결핵균을 발견하고, 결핵이 공기로 감염된다는 사실까지 밝힌 사람이 바로 나란다. 이 사실은 감염증 연구 분야에 한 획을 그은 커다란 성과였어. 이를 인정받아 노벨 생리학·의학상을 받았지. 결핵 감염 판정에 사용되는 투베르쿨린을 만들고 콜레라균을 발견한 것도 나, 로베르트 코흐야.

코흐의 제자로 페스트균을 발견한 사람은?

❶ 모리 오가이
❷ 기타사토 시바사부로
❸ 노구치 히데오
❹ 시가 기요시

정답 | ❷ 페스트가 유행하던 홍콩에 파견되었을 때 페스트균을 발견했어요.

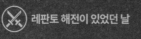
레판토 해전이 있었던 날

10월 7일

1571년
오스만 제국 근세

□ 있음
■ 없음

여기쯤

4시간 만에 100척 이상의 배가 침몰했다고?!

오스만 제국군은 한때 유럽을 벌벌 떨게 했지만, 이날 바다 위에서 펼쳐진 전투에서는 스페인과 베네치아 연합군이 승리했어요.

결전의 날, 바다의 왕자가 바뀌다

과거에 존재했던 오스만 제국은 강력한 군대로 주변 나라와 정복 전쟁을 벌였어요. 지중해를 치지하려고 유럽 세력과 충돌하기도 했어요. 이때 오스만 제국군은 그리스 서쪽 해안의 레판토에서 적군 스페인과 베네치아(지금은 이탈리아의 도시지만, 옛날엔 나라였어요)를 기다렸어요. 양쪽 군대가 바다 위에서 맞붙은 결전의 날이 바로 이날이었는데, 대포와 화승총으로 무장한 유럽군이 더 강했어요. 오스만 제국군은 고작 4시간 만에 100척이 넘는 배가 바닷속으로 가라앉고 말았어요.

퀴즈 레판토 해전에 병사로 참전한 소설가는 무슨 책을 썼을까?

❶ 《돈키호테》   ❷ 《바람과 함께 사라지다》

❸ 《톰 소여의 모험》   ❹ 《귀멸의 칼날》

정답 | ❶ 스페인의 작가 미구엘 드 세르반테스는 이 전쟁에서 팔을 크게 다쳤어요.

3월 25일

상승이란 항상 이긴다는 뜻?!
이름값을 증명한 최강의 군대

19세기 중반 태평천국*이라는 조직이 청나라 왕조에 대항하는 혁명군을 일으켰어요.
14년 동안 이어진 난리를 결판낸 것은 고든이 이끌던 서양식 군대예요.

서양식 장비로 패배를 모르는 군대가 되다

중국에서 1851년부터 1864년에 걸쳐 태평천국의 반란이 일어났어요. 영국, 프랑
스, 미국 등의 강대국은 처음에는 어느 편에도 서지 않았지만, 결국 청 왕조를 돕기
로 했어요. 그래서 조직된 군대가 상승군이에요. 미국인 초대 사령관이 전사하고,
뒤를 이어 대장이 된 인물은 영국인 찰스 고든이예요. 고든이 이끄는 중국인 병사
들은 서양식 무기를 들고 태평군을 차례차례 무찔러 반란을 잠재웠어요.

*기독교의 영향을 받은 혁명 국가로 유럽과 미국의 힘을 빌린 청 왕조에 멸망했어요.

퀴즈 | **태평천국이 천경으로 이름을 바꾸고 수도로 삼았던 도시는?**

❶ 북경(베이징)　❷ 남경(난징)　❸ 장안(지금의 시안)　❹ 낙양(뤄양)

정답 | ❷ 남경을 포함한 네 도시를 묶어 중국 4대 고도라고 불러요.

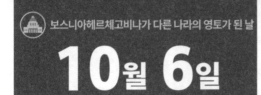

보스니아헤르체고비나가 다른 나라의 영토가 된 날

10월 6일

1908년
보스니아헤르체고비나 공화국 현대

■ 있음
□ 없음
여기쯤

오스트리아가
보스니아헤르체고비나를 차지하다

지금은 사라진 나라인 오스트리아-헝가리 제국이
보스니아헤르체고비나를 합병하면서 전쟁의 불씨가 당겨졌어요.

분노한 세르비아인이 황태자를 암살하다

약 600년 동안 오스만 제국에게 지배당한 보스니아헤르체고비나는 1878년에 열린 베를린 회의 결과, 영토는 그대로 남있지만 정치를 행할 권리(행정권)가 오스트리아-헝가리 제국으로 넘어갔어요. 그리고 이날 오스트리아-헝가리 제국은 보스니아헤르체고비나를 완전히 자기 나라의 일부로 삼겠다고 선언했어요. 땅의 주민인 세르비아인들은 분노했고, 6년 후 1914년에 오스트리아 황태자를 암살했어요.

퀴즈 **오스트리아 황태자 암살 사건을 계기로 일어난 전쟁은?**

❶ 제1차 세계대전　　　　❷ 제2차 세계대전
❸ 우주 전쟁　　　　　　❹ 1년 전쟁

정답 | ❶ 이 사건이 발생하자 주변 나라도 끼어들며 더 큰 전쟁으로 발전했어요.

바빌론 발굴이 시작된 날

3월 26일

1899년
오스만 제국

근대

□ 있음
■ 없음

여기쯤

상상이 아니다!
고대 도시 바빌론은 존재했다

19세기 말 메소포타미아 지방의 고대 도시인 바빌론의 발굴이 시작되었어요.
그러자 지하에서 전설로 일컬어지던 신비한 건축물이 줄지어 모습을 드러냈어요.

여기에 공중정원이 있었던 건가...

땅속에서 찾은 세계 불가사의

이날 독일의 고고학자인 콜데바이에 의해 바빌론의 발굴이 시작되었어요. 바빌론
은 기원전 18~6세기에 존재했다고 여겨지는 고대 도시인데, 기원전에 작성된 오
랜 역사서를 비롯해 여기저기에서 언급되었을 뿐이었어요. 그런 바빌론이 모습을
드러냈어요. 세계 7대 불가사의(신기한 7개의 건축물) 중 하나인 공중정원이나 《구
약성서》에 쓰인 바벨탑 유적도 발견되었어요.

퀴즈 세계 7대 불가사의에 포함되지 않는 것은?

❶ 기자의 피라미드　　　❷ 올림피아의 제우스 상

❸ 로도스의 거상　　　❹ 만리장성

정답 | ❹ 신세계 7대 불가사의 재단이 선정한 신세계 7대 불가사의에는 포함되어요.

1993년

남극

현대

■ 있음
□ 없음

여기쯤

지구를 지키는
오존층이 파괴되었다고?!

지구가 더워지는 온실 효과는 오존층이 파괴되면 일어난다고 여겨져요.
영국의 남극관측대가 오존층에 구멍이 뚫려있는 것을 발견했어요.

으악! 하늘에 구멍이...!

두둥

물론 이런식으로 보이지는 않지만,
지구온난화의 원인을 알게 되었어요.

오존층 파괴의 피해는 심각해요

이날 영국의 남극관측대가 남극 오존층의 3분의 2가 파괴된 상태라고 발표했어요. 오존은 공기 속에 존재하는 기체예요. 땅에서 10~50킬로미터 위의 하늘에 지붕처럼 오존이 덮고 있는 공간이 오존층이지요. 유해한 자외선을 흡수하여 지구의 생물을 지키고 있어요. 스프레이 캔, 공업제품에 사용되는 프레온가스가 오존층을 파괴하는 원인이라고 해요. 오존층이 파괴되면 생물들은 피부가 벗겨지거나, 암에 걸리게 될 거예요.

★★★
퀴즈

오존은 어떤 냄새가 날까?

❶ 비린 냄새　　❷ 달콤한 냄새　　❸ 과일 냄새　　❹ 시큼한 냄새

정답 | ❶ 비린내는 물론, 진한 오존은 들이마시면 죽을 정도로 강한 독성이 있어요.

뢴트겐이 태어난 날

3월 27일

1845년
독일
근대

■ 있음
□ 없음

여기쯤

세기의 대발견!
몸속이 전부 보여요

뢴트겐이 발견한 X선 덕분에 골절이나
몸에 들어간 이물질을 자세히 알 수 있게 되었어요.

3가지 다른 그림을 찾아라!

의학을 발전시킨 대단한 발견

독일에서 태어난 빌헬름 뢴트겐은 의학을 크게 발전시킨 인물로 유명해요. 여러 대학에서 기계와 물리를 배운 뢴트겐은 50살 무렵 연구를 하다가 방사선의 존재를 확인했어요. 방사선은 신기하게도 피부를 통과해서 뼈를 촬영할 수 있는 굉장한 능력이 있었어요. 뢴트겐이 발견한 방사선에는 'X선'이라는 이름이 붙었어요. 이 발견 덕분에 그는 제1회 노벨물리학상을 수상했지요. 지금도 병원 검사에서 자주 들을 수 있는 '뢴트겐 촬영'은 뢴트겐의 이름을 그대로 사용한 거예요.

정답 | ❶ 배경의 뼈 개수 ❷ 오른손 ❸ 수염

밀레가 태어난 날

10월 4일

1814년
프랑스
근대

여기쯤

■ 있음
□ 없음

있는 그대로의 풍경을 그렸더니
인기 화가가 되었어

자연 풍경과 열심히 일하는 농부를 보이는 그대로 묘사한
밀레의 그림은 아름다움과 기품이 느껴져요.

한가로운~

아름다워! 감동적이야!

밀레처럼 농촌과 자연을 주제로 그린 화가들을
바르비종파라고 불러요.

자연과 사람 그리기를 좋아한 밀레

나는 장 프랑수아 밀레야. 이날 프랑스 북서쪽에 있는 노르망디라는 마을의 농가
에서 태어났어. 나는 어릴 적부터 그림을 잘 그려서 대도시 파리에서 공부했어. 하
지만 자연과 농촌 사람들을 즐겨 그렸기 때문에 바르비종이라는 농촌 마을로 이사
했지. 나는 사람들이 일하는 모습이 아름답다고 생각해.

가난한 화가였던 밀레의 그림이 유명해진 계기는?

퀴즈

❶ 루브르 박물관   ❷ 파리 만국 박람회   ❸ 후원자   ❹ 오세나 경매장

정답 | ❷ 1867년 파리 만국 박람회에 소개되면서 전 세계적인 관심을 받게 되었어요.

환상의 왕국 누란이 발견된 날

3월 28일

1900년

청

근대

□ 있음
■ 없음

여기쯤

환상이 아니었어!
모래 속에서 발견된 고대 도시

삼장법사와 모험가 마르코 폴로도 여행한 '비단의 길' 실크로드,
오랜 옛날 그 땅에서 문화를 꽃피웠던 고대 도시 누란이 모래 속에서 발견되었어요.

이것은 혹시 건물의 흔적?

실크로드에 실제로 있었던 환상의 왕국

실크로드는 기원전부터 중국과 서아시아, 유럽을 연결하는 동서 교류의 길을 말해요. 일찍이 그곳에 존재했다고 전해지는 고대 도시 누란의 유적이 이날 중앙아시아에서 발견되었어요. '환상의 왕국'이라고 불린 누란(지금의 신장웨이우얼자치구 주변)을 발견한 사람은 스웨덴의 탐험가 스벤 헤딘으로 발견의 계기는 우연이었어요. 조사대원이 실수로 잃어버린 삽을 찾으러 돌아가던 중에 발견했대요.

퀴즈 《서유기》의 삼장법사가 찾던 장소는?

❶ 누란　　❷ 샴발라　　❸ 천축　　❹ 극락정토

정답 | ❸ 천축은 일본과 중국에서 인도를 가리키던 옛날 이름이에요.

📖 SOS가 채용된 날

10월 3일

1906년 　　　　　현대
독일
■ 있음
☐ 없음
여기쯤

조난 당하면
긴급신호 SOS

세계에서 널리 사용되는 긴급신호 SOS는 100년 이상 전에 생겼어요.
SOS 신호 덕분에 사고가 난 배와 비행기를 많이 구조할 수 있었어요.

앗! 긴급신호다!
짧아서 알기 쉬워.

SOS! SOS!

모스 부호 SOS, 많은 사람을 구하다

이날 독일에서 세계의 통신법을 결정하는 제1회 국제무선전신회의가 열렸고, 'SOS'기 정해졌어요. SOS는 사고가 나서 조난된 배와 비행기를 돕기 위한 신호예요. SOS 글자에는 아무 의미도 없지만, 문자를 무선으로 옮기는 모스 부호를 이용해서 '뚜, 뚜, 뚜, 뚜~, 뚜~, 뚜~, 뚜, 뚜, 뚜'라고 보내면 '도와줘'라는 뜻을 알리게 되어요. SOS는 지금도 세계적으로 사용되고 있어요.

★★★
퀴즈

세계에서 처음으로 SOS 신호를 보낸 것은 어느 나라의 배일까?

❶ 스페인　　❷ 이탈리아　　❸ 미국　　❹ 독일

정답 | ❸ 뉴욕에서 플로리다로 향하던 미국의 증기선 아라파호가 사용했어요.

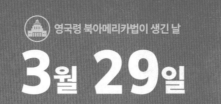

독립을 향한 첫걸음!
캐나다가 하나 되다

영국은 북아메리카에 있는 식민지 캐나다를 하나로 통합하는 법률을 정했어요.
캐나다는 4개의 주로 이루어진 자치령*이 되었고, 독립을 향한 첫걸음을 내디뎠어요.

> 겨우 손에 넣었다.
>
> 외교권
>
> 자치권
>
> 이건 아직 안 줄거지롱~

자치를 인정받은 캐나다의 기본법

이날 캐나다의 기본법이 될 영국령 북아메리카법이 영국 여왕의 허가를 받았어요.
캐나다는 영국령 북아메리카에서 19세기 중반부터 조금씩 자치를 인정받았어요.
하지만 어엿한 나라로 거듭나기 위한 통합이 이루어지지 않았고, 영국계와 프랑스
계 주민으로 나뉜 대립도 있었어요. 그래서 만들어진 것이 이 법률이에요. 식민지
가 하나로 통합되면서 캐나다는 영국 연방에 속한 자치령이 되었어요.

* 어느 국가의 일부일지라도 독립 국가와 다를 바 없을 정도로 내부 판단과 결정을 허락받은 영토를 말해요.

퀴즈 캐나다의 국토 면적은 세계 2위, 그렇다면 1위는 어느 나라일까?

❶ 미국   ❷ 러시아   ❸ 중국   ❹ 호주

정답 | ❷ 미국은 3위, 중국은 4위, 5위는 브라질, 호주는 6위, 인도는 7위예요.

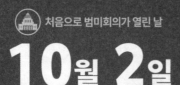 처음으로 범미회의가 열린 날

10월 2일

1889년

미국   근대

■ 있음
□ 없음

여기쯤

아메리카 대륙의 나라들이여, 다 함께 회의합시다

세계적인 규모로 힘을 키운 미국이 개최국이 되어
아메리카 대륙의 나라들을 한데 모아 국제회의를 열었어요.

북미, 중미, 남미 아메리카 대륙을 아우른 범미회의

유럽 식민지에서 갓 독립한 미국 남쪽의 라틴 아메리카 지역 나라들은 단결을 위해 몇 차례나 회의를 했지만, 협력이 잘 이루어지지 않았어요. 이날 강대국으로 성장한 미국이 개최국이 되어 제1회 범미회의를 열었어요. 범미는 북미, 중미, 남미를 아우르는 아메리카 대륙 전체를 말해요. 이렇게 시작된 회의는 나중에 아메리카 대륙 그룹인 미주 기구의 바탕이 되었어요.

 퀴즈 | 미주 기구에 참가한 나라는 몇 개국일까?

❶ 10개   ❷ 25개   ❸ 35개   ❹ 100개

정답 | ❸ 1951년에 생긴 미주 기구에는 35개국이 참여하고 있어요.

🎂 고흐가 태어난 날

3월 30일

1853년 ━━
네덜란드   근대
여기쯤

■ 있음
□ 없음

10년의 화가 인생,
2,000점 넘는 작품을 남기다

16살부터 그림을 팔기 시작했던 고흐는 27살에 화가의
길을 걷기로 결심할 때까지 여러 직업을 가지고 있었어요.

3가지 다른 그림을 찾아라!

뜨거운 열정을 그림에 담은 화가

네덜란드에서 태어난 빈센트 반 고흐의 그림은 세계적으로 인기가 높아요. 아름다운 색 사용과 힘찬 붓 터치로 표현한 그의 그림은 많은 사람들의 시선을 사로잡았어요. 그런 고흐가 화가가 된 것은 27살 무렵이었으니 37살에 세상을 떠난 그가 화가로서 활동한 시간은 고작 10년뿐이었어요. 그 10년 동안 고흐는 2,000점이 넘는 작품을 그렸다고 해요. 그런데 그가 살아있을 때 팔린 그림은 단 1점뿐이고, 대부분은 그가 사망한 후 유명해졌어요.

정답 | ❶ 팔레트 위의 물감 ❷ 붓의 모양 ❸ 꽃의 종류

알렉산드로스 3세
vs. 다리우스 3세

세계 정복의 야심을 품었던 마케도니아 왕국의 알렉산드로스 3세는 라이벌이었던 페르시아를 상대로 크게 이겨서 신하국으로 삼았고 거대 제국을 완성했어요.

다리우스 3세를 무찔러서 대왕 타이틀을 얻었어!

알렉산드로스 3세 | 알렉산드로스의 제국

완벽한 승리를 발판 삼아 거대 제국을 완성하다

옛날 그리스 지역에 있었던 마케도니아 왕국의 알렉산드로스 3세(알렉산드로스 대왕)는 그리스를 떠나 현재 이라크 북동부의 평원에서 가우가멜라 전투를 벌였어요. 이 결전에서 페르시아 왕국 다리우스 3세의 군대를 격파했지요. 마케도니아군은 4만 7,000명뿐이었지만, 25만 명에 달하는 페르시아 대군을 상대로 완벽한 승리를 거뒀어요. 그 후 이집트에서 인더스강까지 알렉산드로스의 세력 범위로 만들었어요. 이렇게 알렉산드로스의 제국이 생겼어요.

★★★
퀴즈 | **이 시대 전쟁에 이용되었던 동물은?**

❶ 사자　　　❷ 코끼리　　　❸ 기린　　　❹ 판다

정답 | ❷ 전투용 코끼리는 돌격해서 적을 뿔뿔이 흩어지게 했다고 해요.

하이든이 태어난 날

3월 31일

1732년

신성 로마 제국

근대

여기쯤

☐ 있음
■ 없음

독일 국가를 작곡한 교향곡의 아버지

교향곡 이외에도 관현악곡이나 협주곡을 포함한 여러 장르의 작품을 남긴 하이든은 모차르트나 베토벤과 같은 음악가들에게 커다란 영향을 주었어요.

짠ー짠ー짠 짠

금메달 수상을 축하합니다.

이 곡 하이든 작품 아닌가?

교향곡의 형식을 확립한 위대한 작곡가

나는 프란츠 요셉 하이든이야. 29살 때 헝가리 귀족 에스텔하지 가문 소속 악단의 부악장으로 초청받았어. 얼마 지나지 않아 악장이 된 나는 그곳에서 30년 가까이 일했고, 많은 곡을 작곡했지. 악단이 해산한 후에는 영국을 거쳐 빈으로 돌아와 더 큰 성공을 거뒀어. 황제에게 바친 〈신이여 황제 프란츠를 지켜주소서〉의 멜로디는 지금의 독일 국가에 사용되었어.

퀴즈 | 하이든이 작곡한 유명한 오라토리오(종교곡)는?

❶ 시계   **❷** 군대   **❸** 황제   **❹** 천지창조

정답 | ❹ 〈시계〉, 〈군대〉는 교향곡이고, 〈황제〉는 현악사중주곡이에요.

10월

1일 알렉산드로스가 다리우스를 이긴 날

2일 처음으로 범미회의가 열린 날

3일 SOS가 채용된 날

4일 밀레가 태어난 날

5일 남극 하늘의 오존층 파괴가 발표된 날

6일 보스니아헤르체고비나가 다른 나라의 영토가 된 날

7일 레판토 해전이 있었던 날

8일 애로호 사건이 일어난 날

9일 세계 우편의 날이 정해진 날

10일 우창 봉기가 일어난 날

11일 고창국이 사라진 날

12일 콜럼버스가 북아메리카대륙을 발견한 날

13일 세계 표준시간이 런던으로 결정된 날

14일 노르만 정복의 날

15일 발트 함대가 동해로 이동한 날

16일 세계 식량의 날의 유래가 된 날

17일 쇼팽이 사망한 날

18일 소련 탐사기가 금성에 착륙한 날

19일 뤼미에르가 태어난 날

20일 대장정에 성공한 날

21일 전쟁반대의 집회가 열린 날

22일 복사기가 발명된 날

23일 제1차 오일쇼크가 일어난 날

24일 베스트팔렌 조약이 맺어진 날

25일 프랑크 왕국군이 이슬람군에 승리한 날

26일 베트남에 새로운 나라가 생긴 날

27일 테디베어의 날이 정해진 날

28일 존 로크가 사망한 날

29일 핼리가 태어난 날

30일 라디오드라마 〈우주전쟁〉이 방송된 날

31일 페르메이르의 탄생일

한눈에 보는 세계사
- 고대 편 -

고대 로마에는 현대인도 깜짝 놀랄 투기장이 있다?!

이탈리아에는 고대 로마 시대에 지어진 콜로세움이라는 건축물이 지금도 남아있어요. 이 건축물에는 5만 명이나 들어갈 수 있다고 해요. 당시 로마 사람들의 즐거움은 여기에서 치러지는 볼거리였어요. 바로 맹수와 검투사의 대결, 검투사끼리의 결투 등 싸움 구경이었죠. 여기서 한 해 동안 수천 명이 목숨을 잃었다고 전해져요. 우리는 떠올리기 힘든 무시무시한 일이지만, 로마를 다스리던 왕은 사람들의 관심을 집중시킬 자극적인 오락거리가 있으면 불만을 잠재워서 반란이 줄어들 거로 생각했대요.

한눈에 보는 세계사

- 근세 편 -

대항해시대의 중요한 발견은 비타민C?!

비타민C는 대항해시대부터 그 효과가 알려졌어요. 긴 항해 생활을 하던 선원들의 목숨을 위협한 질병 중에 몸속 혈관이 약해져서 피가 나는 '괴혈병'이 있었어요. 배에는 먹을 음식도 넉넉하지 않았고, 비타민C가 들어있는 신선한 야채와 과일을 섭취할 수 없어서 유행했던 질병이에요. 당시 괴혈병을 연구한 결과, 치료 방법으로 감귤계 과일이 효과적이라는 것을 확인했어요. 이때는 비타민C 성분이 발견되지 않았지만, 20세기에 이르러 비타민C가 괴혈병을 막는다는 사실을 알게 되었어요.

4월

🎂 카포티가 태어난 날

9월 30일

1924년

미국

현대

■ 있음
□ 없음

여기쯤

19세의 나이에
베스트셀러 작가가 되다

19살 때 잡지에 실린 첫 소설로 문학상을 받은 카포티는 어릴 적에 매우 고생하며 자랐지만, 이후 작가와 예술가, 유명인과 어울리며 매스컴의 주목을 받았어요.

카포티

나는 일본에도 간 적이 있어!

여러 작품이 일본어로 번역된 인기 작가였어요.

홀어머니 아래 독학으로 공부한 카포티

미국 루이지애나주에서 태어난 내 이름은 트루먼 카포티야. 집안 사정이 여유롭지 않아서 홀로 날 키운 어머니와 함께 여기저기 이사를 많이 다녔어. 그래서 학교에 다니는 대신 혼자 공부했어. 어린 시절의 힘든 경험이 나중에 실제 사건을 조사하며 소설로 풀어내는 기법의 바탕이 되었어.

⭐⭐⭐ **퀴즈** 카포티의 대표작은 《티파니에서 ○○을》?

❶ 아침 ❷ 점심 ❸ 저녁 ❹ 3시 간식

정답 | ❶ 이 소설은 1961년에 오드리 헵번 주연의 영화로 만들어졌고, 대성공을 거뒀어요.

 소련이 동서 독일의 교통을 제한한 날

4월 1일

1948년
소비에트 연방
현대

여기쯤

□ 있음
■ 없음

통행금지!
동서 독일의 교통을 제한하다

소련(소비에트 연방)이 베를린에 들어가는 화물을 검문하기 시작했어요.
이날부터 서쪽 독일을 통치하던 3개국과 소련의 관계가 나빠졌어요.

독일 통치를 둘러싼 4개국의 대립

제2차 세계대전 후 미국, 영국, 프랑스, 소련의 4개국이 전쟁에서 진 독일을 통치
했어요. 소련이 통치했던 곳은 베를린이 있는 동쪽이었고 미국, 영국, 프랑스가 통
치했던 곳은 서쪽이에요. 그런데 소련이 이날부터 동쪽과 서쪽을 잇는 도로와 철
도를 제한하면서 자유롭게 오갈 수 없게 만들었어요. 이후 서쪽 3개국과 소련 사
이는 점점 나빠졌지요.

 퀴즈 | 소비에트 연방은 어느 나라의 바탕이 되었을까?

❶ 중화인민공화국 　　❷ 러시아 연방 　　❸ 브라질 　　❹ 중국

정답 | ❷ 소비에트 연방은 1991년까지 존재했던 커다란 나라예요. 몇 개 나라가 독립하고, 지금의 러시아 연방이 되었어요.

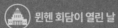

전쟁을 막고자 열린 토론,
뮌헨 회담

유럽에서 힘을 기르고 기세등등해진 독일이 무력을 사용해 주변 나라들을 억지로 따르게 하려고 하자, 이를 평화적으로 해결하기 위해 회의가 열렸어요.

히틀러는 약속을 지키지 않았다

이날 독일 뮌헨에서 영국 총리 체임벌린과 독일 나치스 아돌프 히틀러가 국제 회담을 진행했어요. 독일이 체코슬로바키아의 수데텐 지방을 차지하려고 했는데, 전쟁으로 번지지 않도록 의견을 나눴어요. 히틀러는 더 이상 욕심내지 않겠다던 약속과 달리 영토를 계속 넓히려고 시도했고, 반년 후에 체코슬로바키아의 나머지 땅을 모두 집어삼켰어요.

 퀴즈

히틀러가 그 후에 일으킨 큰 전쟁은?
❶ 제1차 세계대전
❷ 제2차 세계대전
❸ 태평양 전쟁
❹ 혹성 대전쟁

정답 | ❷ 히틀러가 1939년에 폴란드를 침공하면서 제2차 세계대전이 시작되었어요.

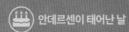 안데르센이 태어난 날

4월 2일

1805년
덴마크
근대

여기쯤

■ 있음
□ 없음

배우는 되지 못했지만, 멋진 동화를 쓰고 싶어

작가 안데르센은 장래 희망이었던 배우의 뜻을 이루지 못했지만, 대신 '멋진 이야기를 쓰자'라고 생각했어요. 그가 쓴 《인어공주》, 《성냥팔이 소녀》 등의 동화는 지금도 아이들에게 많은 사랑을 받고 있어요.

배우의 꿈은 멀어졌지만, 멋진 동화를 쓰자!

지금도 사랑받는 안데르센의 명작 동화

나는 한스 크리스티안 안데르센, 덴마크의 동화 작가야. 배우를 동경했지만 잘 풀리지 않아서 작가를 목표로 노력했어. 30살이 되었을 때 처음 동화집을 낸 후 《인어 공주》, 《미운 오리 새끼》, 《성냥팔이 소녀》처럼 지금까지 꾸준히 사랑받는 이야기를 많이 썼어.

★★★
퀴즈 | 안데르센이 쓴 동화는?

① 《가구야 공주》 ② 《우라시마 타로》 ③ 《엄지공주》 ④ 《은혜 갚은 학》

정답 | ③ 엄지손가락만큼 작은 여자아이가 대모험 끝에 왕자님과 결혼하는 이야기예요.

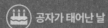
9월 28일

유교를 창시한
중국의 위인 공자

옛날 옛적에 노나라에서 태어난 공자가 '유교'라는 사상을 만들었는데,
지금까지 많은 이들의 삶에 교훈을 주고 있어요.

정치에서는 별로
활약하지
못했지만...

다른 사람을 배려하고
약속을 지키는 게 중요해

나는 공자야. 세상 모든 일을 깊게 탐구하는 학문인 철학의 학자란다. 난 옛날 중국에 있던 노나라에서 태어났어. 집은 매우 가난했지만, 열심히 공부해서 훗날 '유교'라고 불리는 사상을 완성했지. 유교에서는 다른 사람을 배려하고 약속을 지키는 것 등을 중요하게 여겨. 나의 겸손한 성품 덕분에 3,000명이나 되는 제자가 따랐어.

요즘 사람이면
농구 선수가
되었겠는데!

키가
엄청나게 커!

★★★
퀴즈

공자의 키는 얼마나 컸을까?

❶ 196센티미터　❷ 206센티미터　❸ 216센티미터　❹ 226센티미터

정답 | ❸ 키가 매우 컸지만, 제자가 남긴 말에 따르면 몸통이 길고 다리가 짧았대요.

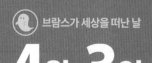
브람스가 세상을 떠난 날

4월 3일

1897년

독일

근대

■ 있음
□ 없음

여기쯤

〈브람스의 자장가〉
들어본 적 있나요?

독일의 함부르크에서 태어난 브람스는 대음악가 슈만에게 인정받아
명곡을 발표했어요. 이날은 그가 오스트리아 빈에서 사망한 날이에요.

근대 독일을 대표하는 작곡가

이날은 19세기 독일의 작곡가 요하네스 브람스는 어린 시절부터 피아니스트로 활
동하다가 작곡을 시작했어요. 브람스의 작품은 대음악가인 슈만에게 높은 평가를
받아서 유럽 전체에 이름이 알려졌어요. 많은 명곡을 쓴 브람스는 고전적인 음악
형식에 새로운 요소를 더한 '신고전파의 완성자'로 불려요.

퀴즈 | 브람스와 같은 독일의 작곡가는?

❶ 알베르트 아인슈타인 ❷ 앙겔라 메르켈

❸ 미하엘 슈마허 ❹ 루드비히 반 베토벤

정답 | ❹ 교향곡 〈운명〉으로 유명한 베토벤은 독일을 대표하는 작곡가 중 한 명이에요.

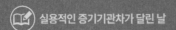
실용적인 증기기관차가 달린 날

9월 27일

1825년
영국
근대
■ 있음
□ 없음
여기쯤

세계 최초로 승객과 화물을 실은 증기기관차

영국에서 도시와 도시를 연결하는 철도가 처음 개통되었어요. 이전에는 짐과 승객을 운반할 때 마차를 이용했지만, 기계의 힘을 빌리는 것에 성공한 거예요.

이것이 과학의 힘! 식식

600명을 옮겼어. 폭폭

스티븐슨

로코모션호

600명을 한꺼번에 옮기는 힘

이날 영국의 북쪽에 있는 도시 스톡턴과 달링턴 사이에 40킬로미터 정도의 철도가 개통헸어요. 증기기관차 로코모션호가 600명이나 되는 승객을 대우고 긴 선로를 달렸고, 그 힘을 세계에 보여줬어요. 이 기관차를 만든 사람은 발명가 조지 스티븐슨이에요. 이 성공으로 영국은 증기의 힘을 사용해서 산업을 개선하는 '산업혁명'의 시대로 나아갔어요.

퀴즈

증기기관차의 연료는 뭘까?

❶ 석유　　❷ 석탄　　❸ 전기　　❹ 수소

정답 | ❷ 석탄을 태우고 물을 끓여서 생긴 수증기의 힘으로 기계를 움직여요.

킹 목사가 암살된 날

4월 4일

1968년 ──────
미국
현대
■ 있음
□ 없음
여기쯤

모두 평등하게 살아가는
차별 없는 세상을 꿈꿔요

인종차별 없는 사회를 만들자고 목소리를 높였던 킹 목사는
그의 행보를 좋지 않게 생각한 사람에게 암살당하고 말았어요.

평화를 위해 인생을 바친 미국의 영웅

나는 마틴 루서 킹 주니어야. 이 시대 미국에서는 여전히 흑인과 백인처럼 피부
색으로 차별받는 일이 당연하게 이루어지고 있었어. 나는 누구나 평등하게 살아
갈 수 있도록 미국 각지를 돌아다니며 연설했어. 하지만 이날 습격을 받아서 목숨
을 잃고 말았지. 그래도 폭력에 의존하지 않은 평화적인 항의 활동을 인정받아서
1964년에 노벨평화상을 받았어.

퀴즈 미국에서 1월의 세 번째 월요일은 무슨 날일까?
❶ 킹 목사 기념일   ❷ 성년의 날   ❸ 체육의 날   ❹ 춘분의 날

정답 | ❶ 1986년부터 이날은 국민적인 기념일이 되었어요.

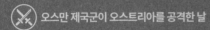

⚔️ 오스만 제국군이 오스트리아를 공격한 날

9월 26일

1529년
오스트리아

근세

여기쯤

■ 있음
□ 없음

오스만 제국군이
빈을 포위하다

대제로 불리던 오스만 제국의 술레이만 1세는 전쟁을 선포하며
오스트리아를 침공했고, 수도인 빈을 포위했어요.

예술을 사랑해서 시인이기도 했던
왕이에요. 펜 네임은 '무하비',
'사랑하는 것'이라는 뜻이에요.

술레이만 1세

추위와 배고픔은 버틸 수 없어

대단한 위세를 자랑했던 오스만 제국의 술레이만 1세는 무척 강해서 '대제(The
Great)'라고도 불렀이요. 그래서 유럽 국가들과 전쟁을 했는데, 이날 오스트리아의
수도 빈을 공격했고 주변을 포위했어요. 성에 갇힌 수만 명의 시민은 굳게 버텼대요.
오스만 제국군은 강했지만, 계절이 가을이었던 탓에 추위에 시달리다가 식량까지
줄어들자 결국 후퇴할 수밖에 없었어요.

퀴즈 **술레이만의 뜻은?**

❶ 솔로몬왕 ❷ 세계의 왕 ❸ 해적왕 ❹ 유럽의 왕

정답 | ❶ 고대 이스라엘의 '솔로몬왕'을 아라비아어로 읽고, 튀르키예어로 발음한 이름이에요.

4월 5일

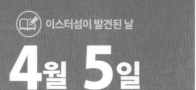

1722년
칠레
근대
여기쯤
■ 있음
□ 없음

거대한 모아이 석상이 있는 이스터섬

남태평양 동쪽에 있는 이스터섬은 모아이 석상이 있는 장소로 유명해요.
이스터(부활절)에 네덜란드 군인이 이 섬을 발견했대요.

모아이 석상은 부족의 조상과 수호신을 받들기 위한 거라고.

여기를 이스터섬이라고 부르자!

부활절에 발견한 신비한 섬

이스터섬은 거대한 모아이 석상이 있는 신비한 섬이에요. 이날 네덜란드의 군인 야곱 로헤벤이 유럽인 중 처음으로 이 섬에 도착했어요. 마침 부활절이라 '이스터섬'이라는 이름이 붙었어요. 그곳에는 모아이 석상이 900개도 넘게 남아있었고, 모두 쓰러져 있었어요. 지금 서 있는 모아이 석상은 20세기에 현대인의 힘으로 다시 세워진 거예요.

⭐⭐⭐ 퀴즈 | **모아이 석상은 왜 쓰러져 있었을까?**

❶ 전쟁　　　❷ 화산 폭발　　　❸ 태풍　　　❹ 터널 공사

정답 | ❶ 원주민 부족 사이에 '모아이 쓰러뜨리기 전쟁'이 일어났을 거라고 여겨져요.

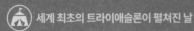

9월 25일

1974년
미국 · · · · · · · 현대

여기쯤

■ 있음
□ 없음

수영, 자전거, 장거리 달리기를
전부 해내는 경기

트라이애슬론은 3가지 경기를 뛰기 때문에 그리스어로 '3'을 의미하는 '트라이'와 경기를 의미하는 '애슬론'을 합쳐서 이름 지었어요.

3시간 이상 걸리는 긴 코스

한 명의 선수가 수영, 자전거, 장거리 달리기 3가지 종목을 해내고, 그 기록을 겨루는 드라이에슬론 경기는 지금도 개최되고 있어요. 이날은 트라이애슬론이 세계에서 최초로 미국에서 열린 날이에요. 이 대회에는 46명의 선수가 참가했대요. 2000년 시드니 올림픽에서는 트라이애슬론이 정식 종목으로 등록되어서 세계 사람들의 주목을 받는 인기 종목이 되었어요.

★★★
퀴즈   세계 최초의 트라이애슬론은 미국의 어디에서 열렸을까?

❶ 뉴욕   ❷ 밴쿠버   ❸ 샌디에이고

정답 | ❸ 수영 460미터, 사이클링 8킬로미터, 달리기 9.6킬로미터였다고 해요.

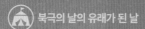 북극의 날의 유래가 된 날

4월 6일

1909년 ──────── 현대

북극

여기쯤

■ 있음
□ 없음

세계에서 처음으로
북극점에 도착한 군인

이날 미국 해군이었던 피어리가 세계에서 처음으로 북극점에 도달했어요.
미국지리학회(NGS)가 뒤늦게 이 사실을 인정하고 '북극의 날'로 정했어요.

몇 번이나 실패했지만
결국 북극점에 왔어!

결승점
북극점

피어리의 북극점 도착을 기념하며

북극점이란 지구의 북쪽 끝이에요. 피어리는 6번의 도전 끝에 간신히 북극점에 도착할 수 있었어요. 하지만 진짜로 북극점에 갔는지에 대한 논쟁이 80년이 넘게 이어졌어요. 미국지리학회가 피어리의 업적을 인정하고 이날을 '북극의 날'로 정한 것은 그가 죽고 난 뒤인 1989년이었어요.

 퀴즈 ★★★ 지구의 남쪽 끝 남극점이 있는 대륙은?

❶ 호주　　❷ 남극　　❸ 남아메리카　　❹ 아프리카

정답 | ❷ 남극점은 남극 대륙의 약 2,800미터 높이의 얼음 위에 있어요.

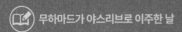

622년
아라비아반도
중세
■ 있음
□ 없음
여기쯤

무하마드,
부족에 쫓겨 결국 떠나다

다른 부족에게 쫓기던 무하마드(마호메트)는
아랍계 야스리브 주민들의 초청을 받아들여서 이주했어요.

수백 킬로미터를 이동해 아라비아로

이슬람교의 예언자인 무하마드는 메카라는 마을에 있던 다른 부족에게 쫓겨서 야스리브(지금의 사우디아라비아 메디나)라는 땅으로 살 곳을 옮겼어요. 무하마드는 친구인 아부 바크르와 함께 한밤의 어둠에 몸을 숨기고 머나먼 거리를 여행했다고 해요. 그리고 이 땅에서 이슬람의 가르침을 퍼뜨릴 기회를 얻었대요. 무함마드와 그를 따르는 신도들의 공동체를 움마라고 불렀어요.

 퀴즈 | ★★★

메카에서 야스리브까지는 어느 정도의 거리였을까?

❶ 100킬로미터　❷ 20킬로미터　❸ 300킬로미터　❹ 400킬로미터

정답 | ❹ 이때는 아무리 멀어도 직접 걸어가거나 동물을 타고 움직이는 것밖에 방법이 없었어요.

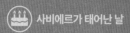 사비에르가 태어난 날

4월 7일

1506년
스페인
근세

■ 있음
□ 없음

여기쯤

아시아에 기독교를 알린 선교사

스페인에서 태어난 예수회의 선교사(기독교를 알리는 사람) 사비에르는
기독교를 널리 전파하기 위해 아시아 지역으로 포교 활동을 떠났어요.

드디어 기독교를 알리려고
아시아에 왔다!

기독교를 알리는 게 내 역할이야

나는 프란시스코 사비에르라고 해. 이날 스페인에서 태어났어. 나는 파리에서 유
학하던 중 선교사가 되기로 결심하고 예수회를 결성했지. 인도에 건너가 기독교를
전파한 뒤, 일본으로 향했어. 나는 일본에 처음으로 기독교를 알려준 선교사로 유
명해.

 퀴즈 | 사비에르는 무엇을 타고 일본에 도착했을까?

❶ 배   ❷ 철도   ❸ 비행선   ❹ 비행기

정답 | ❶ 배를 타고 바다를 건너 맨 처음 가고시마에 갔어요.

비스마르크가 프로이센의 수상이 된 날

9월 23일

프로이센과 독일 제국을
모두 손에 쥔 비스마르크

비스마르크는 프로이센 왕국과 주변 나라를 군사력으로 통합하여
독일 제국을 만들었어요. 그것이 지금 독일의 바탕이 된 거예요.

군사력으로 독일을 하나로 만들 것이다!

비스마르크

이 녀석
위험하다...

군사력으로 모든 것을 해결하다

프로이센에서 태어난 나는 오토 폰 비스마르크야. 프로이센 왕국의 왕인 빌헬름 1
세에게 신임을 얻어서 이날 수상이 되었지. 그리고 철(무기)혈(병사의 피) 정책을 내
세워서 이웃 나라들을 무릎 꿇리고, 훗날의 독일 제국을 만들었어. 독일 제국에서
도 재상이 되었지. 나는 프랑스를 일부러 자극해서 전쟁을 일으키려고 하는 등 여
러 작전을 펼쳤어.

 퀴즈 | 대식가였던 비스마르크는 무엇을 어느 정도 먹었을까?

❶ 달걀 15개   ❷ 고기 5킬로그램   ❸ 생선 20마리   ❹ 라멘 10그릇

정답 | ❶ 달걀을 좋아해서 한 번 식사할 때 15개나 먹었어요. 체중은 123킬로그램이나 되었어요.

📖 〈밀로의 비너스〉가 발견된 날

4월 8일

1820년
그리스
근대

■ 있음
□ 없음

여기쯤

고대 그리스의 걸작
〈밀로의 비너스〉

이날 어느 농부가 밀로스섬에서 대리석 조각상을 발견했어요.
고대 그리스 시대에 제작된 여신 조각상이었고, 〈밀로의 비너스〉라고 불리고 있어요.

프랑스의 루이 18세에게
받쳤고, 지금은
파리의 루브르 미술관에
전시되어 있지.

왼손과 오른팔이 없는 조각상이라니

고대 그리스 시대의 조각상 〈밀로의 비너스〉는 이날 밀로스섬에 사는 어느 농부의
손에 발견되었어요. 비너스는 그리스 신화의 올림포스 12신 중에서 미의 여신이
에요. 이 조각상은 고대 그리스의 대표적인 걸작으로, 제작 시기는 기원전 130년
무렵으로 추측되고 있어요. 왼손과 오른팔이 없지만, 오히려 사라진 부분이 다양
한 상상을 불러일으킨다고 해요.

퀴즈 그리스의 밀로스섬이 떠 있는 바다는?

❶ 세토내해　　　❷ 오호츠크해　　　❸ 에게해　　　❹ 북극해

정답 | ❸ 밀로스섬이 있는 곳은 에게해 남서부의 키클라데스 제도예요.

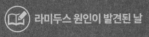 라미두스 원인이 발견된 날

9월 22일

1994년
에티오피아
현대

■ 있음
□ 없음

여기쯤

인류의 선조,
원시인의 뼈를 발견하다

아프리카의 에티오피아에서 발견된 것은
가장 오래되었다고 여겨지는 인간 선조의 뼈였어요.

음, 이 이빨은 인류 대발견의 느낌이 든다!

이게 뭐야?

아디

인류의 두발 걷기를 보여준 라미두스 원인

1992년에 에티오피아의 아와쉬 지방에서 약 450만 년 전에 살았던 인류의 선조 원시인의 뼈가 발견되었어요. 수변에서 원시인의 뼈가 차례치례 발견되었고, '라미두스 원인*'이라는 이름이 붙었지요. '아디(Ardi)'라는 별명으로 불리던 라미두스 원인의 골격은 키 120센티미터, 몸무게 50킬로그램이었고 이족 보행도 가능했다고 여겨져요.

* 원인(猿人)은 가장 오래된 화석인류를 말해요.

 퀴즈 ★★★ **알디가 살았던 곳은?**

❶ 숲　　　　❷ 바다　　　　❸ 강변　　　　❹ 산

정답 | ❶ 알디와 함께 숲에 살던 소 떼와 나무 조각 화석이 발견되었어요.

4월 9일

노예제도를 반대한 북부가 남부를 이겼대!

미국의 북부와 남부가 대립하여 시작된 남북전쟁에서
노예제도에 반대하는 북부가 남부를 무찔렀어요.

미국의 남북전쟁이 끝나다

남북전쟁은 1861년에 시작된 미국의 내란이에요. 노예의 힘으로 면화를 재배하고 자유무역*을 주장하는 남부와 노예제도에 반대하고 보호무역**을 해야 한다는 북부가 팽팽하게 맞서면서 전쟁이 일어났어요. 이날 노예 해방을 선언한 링컨과 북부군은 리 장군이 지휘하던 남부군을 무찔러 승리했어요. 이로써 흑인 노예제도는 폐지되었고, 수백만 명의 흑인 노예가 해방되었어요.

* 나라가 무역에 관여하지 않고 자유롭게 무역하는 방법이에요.
** 내 나라의 산업을 보호하기 위해 외국에서 온 물건에 세금 등의 제한을 두는 것을 말해요.

퀴즈 1863년에 일어난 남북전쟁 최대의 싸움은?

❶ 세키가하라 전투 ❷ 워털루 전투 ❸ 앙카라 전투 ❹ 게티즈버그 전투

정답 | ❹ 게티즈버그에서 치러진 남북의 최대 전투는 북부군이 승리했지만, 많은 희생자가 생겼어요.

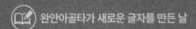

9월 21일

1119년

금

중세

□ 있음
■ 없음

여기쯤

완안아골타, 여진 문자를 발표하다

여진족의 영웅 완안아골타(완옌아구다)는 여러 나라를 격파하고,
금나라와 고유 문자인 여진 문자를 만들었어요.

짐이 글자를 만들었느니라.

에헴

(여진)

지금의 한자랑은 완전히 달라 보이는 걸.

완안아골타

나라도 독립! 글자도 독립!

지금의 중국 주변에 살던 여진족의 지도자 완안아골타는 자기들을 지배하던 요나라에 반기를 들고 금이라는 새로운 나라를 만들었어요. 이날 완안아골타는 그동안 사용했던 기탄 문자를 버리고, 여진어를 글자로 적기 편한 여진 문자를 사용하기로 정했어요. 이 문자는 한자의 일종으로 의미를 나타내는 표의문자와 소리를 나타내는 표음문자 2종류가 있었어요.

 퀴즈 이 지역에서 무엇을 얻을 수 있어서 '금'이라는 나라 이름을 지었을까?

❶ 금귤 ❷ 금붕어 ❸ 금란 ❹ 사금

정답 Ⅰ ❹ 금나라가 있던 지역의 아스허강에서는 사금을 채취할 수 있었다고 해요.

4월 10일

미국의 동인도함대 사령장관, 도움을 청하다

1853년 미국의 군인 페리는 일본에 도움을 요청하기 위해
증기 군함에 몸을 싣고 일본의 우라가 항구에 도착했어요.

개항하지 않으면 대포 쏠 거야.

화친조약도 맺고 항구도 개방할게.

물과 연료를 지원해 줄래?

나는 매슈 페리야. 이날 미국의 로드아일랜드주에서 해군 대위의 아들로 태어났어. 내가 동인도함대 사령장관이 되었을 무렵, 미국은 일본과 가까운 바다에서 고래를 사냥했어. 그래서 선원을 보호하고 식량과 물과 연료를 보급하기 위해 일본의 항구를 사용하고 싶어 했지. 그래서 내가 일본 정부와 교섭하게 되었던 거야.

퀴즈 페리가 타고 온 증기 군함을 뭐라고 부를까?

❶ 구로후네　　❷ 아카후네　　❸ 시로후네　　❹ 아오후네

정답 | ❶ 페리가 타고 온 증기 군함은 새카만 색깔이었기 때문에 '흑선(구로후네)'이라고 불렸어요.

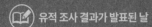 유적 조사 결과가 발표된 날

9월 20일

1924년
파키스탄
현대

■ 있음
□ 없음

여기쯤

하라파와 모헨조다로의 유적 조사 결과

19세기 중반 이후에 발견된 두 곳의 유적 조사는
20세기가 되어서야 겨우 시작되었어요.
그 결과 유적은 아주 오랜 옛날 시대의 문명이었다는 사실이 밝혀졌어요.

인더스 문명의 유적이 발견되다

파키스탄을 흐르는 인더스강의 유적 '하라파'와 '모헨조다로'의 첫 조사 결과가 이 날 〈런던 화보〉의 지면을 통해 발표되었어요. 두 유적에서 발굴한 인장(도장)과 토기가 무척 비슷해서 옛날에 이 지역에 뛰어난 문명이 발전했었다는 사실을 짐작할 수 있었어요. 하수도 시설과 공중목욕탕도 있었다고 해요. 고고학자 존 마셜은 이 유적에 '인더스 문명'이라는 이름을 붙였어요.

 퀴즈 **인더스 문명을 조사한 학자는 어느 나라 사람일까?**

❶ 미국인　　❷ 영국인　　❸ 독일인　　❹ 우주인

정답 | ❷ 학자인 존 마셜은 영국인이며, 인도의 고대 도시 연구자로 유명했어요.

미터 조약이 체결된 날

4월 11일

1875년
프랑스

■ 있음
□ 없음

여기쯤

근대

우리 모두 미터 단위를 사용하기로 약속!

오늘날 전 세계에서 사용하는 길이 단위 미터(m)!
이날 '모든 나라가 공통 단위로 미터를 사용하자'라는 미터 조약이 체결되었어요.

프랑스의 미터법이 공통 단위가 되다

옛날에는 길이를 나타낼 때 야드, 인치처럼 나라와 지역마다 여러 단위를 사용했기 때문에 공통이라고 부를만한 기준이 없었어요. 서로 단위가 달라서 불편함이 계속 생기자, 18세기 말에 프랑스에서 1미터의 길이를 결정한 '미터법'을 정했어요. 하지만 세계적으로 빠르게 도입되지는 않았지요. 그래서 이날 프랑스 파리에서 토론 대회를 열고 '미터 조약'이 맺어지게 된 거예요.

퀴즈

맨 처음 1미터의 길이는 무엇을 기준으로 정했을까?

❶ 파리와 이탈리아의 거리　　　❷ 북극과 적도의 거리
❸ 에베레스트산의 높이　　　　　❹ 에펠탑의 높이

정답 | ❷ '지구의 북극에서 적도까지의 거리를 1만 킬로미터로 계산한다'라는 내용을 기준으로 정했어요.

전자레인지가 탄생한 날

9월 19일

1947년

미국

현대

■ 있음
□ 없음

여기쯤

버튼 한번 꾹!
누르면 요리가 완성되다니

어떤 요리도 금세 데워져서 맛있게 먹을 수 있는
전자레인지를 발명한 주인공은 미국인이었어요.

발명은 우연한 계기에서 나온다

레이더를 만드는 회사에서 일하던 퍼시 스펜서는 어느 날 레이더 앞에 서 있을 때
마다 주머니에 있던 초코바가 녹는다는 사실을 알았어요. 레이더의 진짜 역할은
사람 눈으로는 확인할 수 없을 만큼 멀리 있는 물건을 발견하는 것이지만, 스펜서
는 레이더를 사용해서 요리하는 전자레인지를 발명해야겠다고 생각했대요. 처음
전자레인지는 '띵' 소리가 나지 않았어요. 불을 사용하지 않으니 언제 요리가 완성
되었는지 알 수 없다는 의견에 자전거 벨을 달았던 것이 띵 소리의 시작이에요.

퀴즈

★★★

전자레인지의 '레인지' 뜻은?

❶ 솥   ❷ 냉장고   ❸ 불

정답 | ❶ 레인지는 영어로 '솥'이라는 의미예요.

루스벨트가 세상을 떠난 날

4월 12일

1945년 | 현대
미국
■ 있음
□ 없음
여기쯤

4번이나 미국 대통령이 된 루스벨트

경제위기의 시대에 미국 대통령이 된 프랭클린 루스벨트는
뉴딜 정책을 펼쳤고, 제2차 세계대전이 끝나기 전에 세상을 떠났어요.

뉴딜 정책으로
미국의 경제를 다시 세워
제2차 세계대전도 승리하자!

두·두·두·두

뉴딜 정책으로 경제를 다시 세우다

세계 전체가 불경기에 빠지고 실업자가 넘치던 시대에 미국 대통령이 된 프랭클린 루스벨트는 '뉴딜 정책' 개혁으로 미국의 경제를 다시 일으켰어요. 실업자에게 일자리를 소개하거나, 댐 건설처럼 일자리가 많이 생기는 공공사업과 산업을 많이 늘렸죠. 1941년 제2차 세계대전에 참전했지만, 전쟁이 끝나기 전인 이날 사망했어요.

퀴즈 루스벨트는 무엇으로 국민과 소통했을까?

❶ 블로그　　❷ 트위터　　❸ 라디오　　❹ 라인

정답 l ❸ 당시 널리 보급되었던 라디오를 통해서 연설하고 국민에게 뜻을 전했어요.

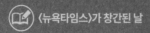

1851년

미국

근대

■ 있음
□ 없음

여기쯤

세계적인 신문
〈뉴욕타임스〉 창간

세상이 지금처럼 정보화 사회로 나아가기 시작한 19세기 미국에
등장한 〈뉴욕타임스〉는 정확한 뉴스만 다뤄서 사람들이 매우 신뢰했어요.

이것이 창간호!
요즘 신문이랑 다르게 생겼네.

4페이지짜리 신문이고,
사진이 없었어.

최초의 신문은 달랑 4페이지?!

19세기의 미국은 전신을 비롯한 통신 기술이 발달하면서 먼 지역의 정보도 쉽게 알 수 있게 되었어요. 그러면서 신문의 역할도 중요해졌는데, 이날 〈뉴욕타임스〉 제1호가 세상의 빛을 봤어요. 전체 면이 4페이지였던 이 신문은 정확하다고 매우 좋은 평가를 받았어요. 약 10년이 지나자 발행 부수가 10만 부로 늘었고, 지금은 세계적인 신문 중 하나가 되었어요.

퀴즈 **〈뉴욕타임스〉 제1호의 가격은?**

❶ 1센트　　　❷ 10센트　　　❸ 1달러　　　❹ 10달러

정답 | ❶ 1851년의 1센트는 현재의 우리나라 돈으로 계산하면 약 350원 정도의 가치예요.

📖 낭트 칙령에 서명한 날

4월 13일

1598년
프랑스
근세

■ 있음
□ 없음

여기롬

종교의 자유를 인정할 테니 전쟁은 이제 그만!

프랑스의 앙리 4세는 프로테스탄트 신자에게 신앙의 자유를 인정하는
낭트 칙령*에 서명했어요. 30년 넘게 이어진 프랑스의 종교 전쟁을 드디어 끝냈어요.

신교도에게 신앙의 자유를 인정한다.
오랜 전쟁도 이것으로 끝!

낭트 칙령 선포, 드디어 전쟁을 끝내다

16세기 중반부터 프랑스에서는 기독교인 가톨릭과 프로테스탄트 사이에서 종교
전쟁이 끊이지 않았어요. 국왕 앙리 3세가 암살된 후 프로테스탄트였던 앙리 4세
가 왕위를 잇자 가톨릭 세력이 맹렬하게 반발하여 싸움이 더욱 격렬해졌어요. 앙
리 4세는 이날 낭트라는 도시에서 명령문인 '낭트 칙령'을 공식적으로 발표했어요.
프로테스탄트의 신앙의 자유를 인정해서 오랜 전쟁에 마침표를 찍은 거예요.

* 국왕과 황제 등의 군주가 직접 발표하는 명령을 말해요.

퀴즈

프랑스에 있는 가톨릭 대성당은?

❶ 노트르담 대성당   ❷ 도다이지
❸ 닛코 도쇼구   ❹ 바티칸 궁전

정답 l ❶ 노트르담 대성당은 프랑스 파리에 있는 가톨릭 대성당이에요.

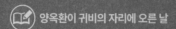

9월 17일

세계 3대 미인, 당나라의 귀비가 되다

세계적인 미인으로 손꼽히는 양귀비는 사실 황제 아들의 부인이었어요.
황제는 그녀의 아름다움에 눈이 멀어서 아들의 부인을 빼앗았어요.

새로운 연극 '경국(나라를 기울게 하는) 미녀'를
기대해 주세요!

와~
우리 왕귀비 잘한다!

고작 4년 만에 가장 높은 자리에 오른 왕귀비

내 이름은 양옥환이에요. 이날 당나라 황제인 현종의 비(아내) 중 한 명이 되었어요.
나는 미모가 뛰어나고 머리까지 좋아서 4년 후에 가장 대단한 자리인 '귀비'에 올
랐어요. 하지만 현종이 내게 푹 빠져서 나랏일을 멀리하는 바람에 나라 상황이 어
지러워졌어요. 나는 세계 3대 미인이라고 불리기도 해요.

 퀴즈 당나라는 지금의 어디에 있었을까?

❶ 한국　　　❷ 중국　　　❸ 미국　　　❹ 호주

정답 | ❷ 지금으로부터 1,400년 전에 지금의 중국에 존재했던 나라에요.

🎂 하위헌스가 태어난 날

4월 14일

1629년

네덜란드 근세

■ 있음
□ 없음

여기쯤

토성 고리와
오리온 대성운 발견!

이날 태어난 천문학자 하위헌스는 직접 만든 망원경으로
우주를 관측해서 토성의 고리와 위성, 오리온 대성운 등을 발견했어요.

토성에는 고리가 있다!
대발견이지?

망원경을 직접 만든 천문학자

나는 크리스티안 하위헌스, 네덜란드의 천문학자야. 이날 헤이그라는 마을에서 태어났어. 맨 처음에는 외교관이 되고 싶었지만, 과학에 흥미가 생겨서 공부하기 시작했지. 망원경을 직접 만들어서 토성 고리와 토성의 위성인 타이탄, 오리온 대성운 같은 천체를 발견했어. 나는 천문학뿐 아니라 수학, 물리학, 광학, 기계공학 등 폭넓은 분야에서 성과를 남겼지.

퀴즈 | 하위헌스가 진자(줄 끝에 추를 매단 물체)를 사용해서 발견한 것은?
❶ 다이너마이트   ❷ 비행기   ❸ 증기기관   ❹ 추시계

정답 | ❹ 하위헌스는 진자를 사용해서 처음으로 시계를 만들었어요.

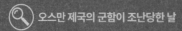

나라와 나라를 이어준
에르투룰호 사건

일본 앞바다에서 오스만 제국의 군함이 태풍을 만나 침몰하고 말았어요.
가까운 섬에 살던 사람들이 열심히 구조했고, 깊은 인연이 생겼지요.

태풍에 가라앉은 배의 승무원들을 도와준 섬나라 사람들

이날 오스만 제국(지금의 튀르키예)의 군함 에르투룰호가 와카야마현의 기이오섬 근처에서 태풍을 만나 바위에 부딪히며 가라앉고 밀았어요. 생존자 69명은 섬 주민들의 도움을 받아 일본에서 내준 배를 타고 귀국했어요. 약 100년 후인 1985년에 이란과 이라크 전쟁이 일어났을 때 미처 도망치지 못한 일본인을 튀르키예 사람들이 도와주었어요. 두 나라의 우정은 지금도 변치 않았어요.

 퀴즈 | 에르투룰호가 일본에 온 목적은?

❶ 우호   ❷ 전쟁   ❸ 탐험   ❹ 쇼핑

정답 | ❶ 오스만 제국 황제의 편지를 일본 천황에게 전달하기 위한 배였어요.

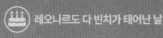 레오나르도 다 빈치가 태어난 날

4월 15일

1452년
이탈리아 · 근세

■ 있음
□ 없음

여기쯤

대단한 만능 천재
레오나르도 다 빈치

르네상스 시대의 팔방미인 예술가로 다양한 분야에서 활약한
레오나르도 다 빈치는 전차와 대포 등을 설계하고
새가 나는 원리를 연구해서 비행기 설계도를 만들었어요.

그림, 조각,
건축, 과학...
뭐든지 잘하는
천재이올시다.

나는 르네상스의 천재 예술가야

나 레오나르도 다 빈치는 이날 이탈리아의
토스카나 지방에 있는 빈치 마을에서 태어
났어. 이 무렵 이탈리아는 르네상스 시대였
고, 뛰어난 예술가가 많았지. 그중에서도
〈모나리자〉와 〈최후의 만찬〉이라는 명화를
그린 나는 '르네상스의 천재'로 불리지.

퀴즈 ★★★

레오나르도의 〈최후의 만찬〉에 그려진 사람은?

❶ 예수 그리스도와 제자
❷ 레오나르도 다 빈치
❸ 산타
❹ 성모 마리아

정답 | ❶ 예수 그리스도와 12명의 제자가 그려져 있어요.

⚔ 전차가 등장한 날

9월 15일

1916년
영국
현대

■ 있음
□ 없음

여기쯤

싸울 의지를 잃게 만든
새로운 병기*

당시 영국에서는 적진에 도착하기도 전에 많은 병사가
전사하는 것이 문제였어요. 그런 상황을 바꾼 무기가 전차예요.

3가지 다른 그림을 찾아라!

날아오는 총탄에도 끄떡없어

프랑스 북쪽에서 영국·프랑스군과 독일군이 전쟁을 벌였어요. 영국은 이날 '탱크'
라고 이름 붙인 새로운 병기를 사용했어요. 바로 전차예요. 세계에서 처음으로 사
용된 전차는 날아오는 총탄을 튕겨내며 독일군에게 돌진했어요. 아직 개발 단계였
기 때문에 전장에 내보낸 전차 50대 중 마지막까지 공격할 수 있었던 것은 단 10
대뿐이었대요. 전차를 운전하는 병사의 연습 부족과 전차 능력의 한계 등 문제점
이 있었지만, 등장만으로도 적군의 싸울 의지를 꺾어버리는 존재였어요.

* 전쟁에 쓰는 모든 기구를 통틀어 말하는 단어예요.

정답 | ❶ 운전자의 헬멧 모양 ❷ 전차 소리 ❸ 아래 인물의 표정

채플린이 태어난 날

4월 16일

1889년
영국
근대

■ 있음
□ 없음

여기쯤

걷기만 해도 사람들을 웃겼던, 전설적인 희극왕

많은 사람에게 웃음을 준 찰리 채플린은
1972년에 영화계에서 가장 영광스러운 아카데미상을 받았어요.

3가지 다른 그림을 찾아라!

웃음을 끊임없이 만들어낸 채플린

영국에서 태어난 채플린은 24세에 미국 코미디 영화에 출연한 뒤 눈 깜짝할 사이에 관객들의 배꼽을 빼놓는 유명인이 되었어요. 채플린은 배우이면서, 영화도 만들었어요. 전쟁이 시작되었을 때는 오직 채플린만 만들 수 있는 방식으로 웃음 가득한 영화에 평화의 메시지를 담아 세상에 내보였어요. 채플린의 생각을 비판하는 사람도 있었지만, 계속해서 영화를 제작했어요. 한 번은 채플린이 바라던 평화가 당시 미국 사회와 반대된다는 의견 때문에 미국 입국을 금지당하기도 했어요.

정답 ❶ 모자 ❷ 지팡이 ❸ 수염

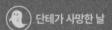 단테가 사망한 날

9월 14일

1321년
이탈리아 | 중세

여기쯤

■ 있음
□ 없음

르네상스 문학을 개척한
이탈리아의 위대한 시인

오늘날 세계의 예술에 큰 영향을 미친 이탈리아의 시인
단테는 56살의 나이로 여행하던 중에 병에 걸려 세상을 떠났어요.

피렌체로 추방당한 단테

단테 알리기에리는 유럽의 피렌체에서 태어난 시인이에요. 단테는 정치인으로 활동하기도 했는데, 정치 싸움에 밀리면서 피렌체에서 추방당했어요. 피렌체 주변을 떠돌다가 라벤나에 정착했고 지옥에서 천국을 여행하는 매우 긴 시 〈신곡〉을 완성했어요. 하지만 그로부터 얼마 지나지 않은 이날 외교 사절로 베네치아에 갔다가 돌아오던 도중에 말라리아에 걸려서 사망했어요.

 퀴즈

단테가 한눈에 반한 미소녀는?

❶ 베아트리체
❷ 오노노 고마치
❸ 클레오파트라
❹ 양귀비

정답 | ❶ 단테는 19살에 만난 첫사랑 베아트리체를 시의 모델로 삼았어요.

시리아가 프랑스에서 독립한 날

4월 17일

1946년

시리아

현대

■ 있음
□ 없음

여기쯤

프랑스 지배를 벗어나 드디어 독립!

제1차 세계대전 후 영국과 프랑스가 영토를 찾아 중동에 진출했고,
프랑스가 지배했던 시리아는 이날 독립할 수 있었어요.

오랜 역사를 가진 지역이지만,
제2차 세계대전이 끝나고 나서야
프랑스에서 독립했어.

프랑스 군대가 완벽하게 시리아에서 철수하다

8,000년 전부터 농경 생활을 시작하여 세계에서 가장 오랜 역사를 가진 지역 중
하나로 꼽히는 시리아는 제1차 세계대전이 끝난 1920년부터 프랑스의 지배를 받
았어요. 시리아에서는 거센 독립운동이 일어났지만, 프랑스와 교섭이 진전되지 않
는 사이에 제2차 세계대전이 또 터져버렸어요. 전쟁이 끝난 다음 해에 프랑스군이
시리아에서 물러나면서 드디어 이날 정식으로 독립했어요.

 퀴즈 **20세기 초까지 약 600년간 중동 지역을 지배했던 제국은?**

❶ 러시아 제국 ❷ 몽골 제국 ❸ 가미라스 제국 ❹ 오스만 제국

정답 | ❹ 오스만 제국은 15세기부터 약 600년에 걸쳐 중동 지역을 지배했어요

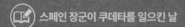 스페인 장군이 쿠데타를 일으킨 날

9월 13일

1923년 ┐
스페인

여기쯤

현대

■ 있음
□ 없음

독재를 꿈꾸는 권력자들의 쿠데타가 시작되다

제1차 세계대전이 끝난 후 유럽의 여러 나라에서 독재 정치를 펼치는 권력자들이 나타났어요. 스페인에서도 프리모 장군이 쿠데타를 일으켰어요.

힘으로 해결하려고 하면 안 돼

스페인의 카탈루냐 지방의 사령관이었던 프리모 데 리베라 장군은 이날 쿠데타를 일으켰어요. 쿠데타는 나라의 통치권을 빼앗으려는 반란을 말해요. 프리모는 권력을 독차지해서 혼란스러운 정치와 사회를 무력으로 해결하려고 했어요. 국왕 알폰소 13세는 프리모를 수도로 불러서 군사 독재 정권을 인정했어요. 하지만 이 방식은 실패로 끝났고, 왕에 대한 국민의 신뢰도 사라지고 말았어요.

 퀴즈 카탈루냐의 바르셀로나에서 유명한 스포츠는?

❶ 축구   ❷ 야구   ❸ 유도   ❹ 농구

정답 | ❶ FC 바르셀로나, RCD 에스파뇰이라는 세계적인 축구팀이 있어요.

플레밍이 사망한 날

4월 18일

1945년
영국
현대
여기쯤
■ 있음
□ 없음

모터는 왜 움직일까?
플레밍의 법칙

플레밍의 법칙으로 모터와 발전기의 작동 원리를 설명하고,
전기 기술을 크게 발전시킨 플레밍이 이날 세상을 떠났어요.
그는 '플레밍의 법칙' 이외에도 진공관을 발명하는 등 커다란 업적을 남겼어요.

위대한 발명을 남긴 플레밍

나는 존 플레밍이야. 영국의 전기 기술자이자 물리학자지. 대학교에서 전기공학을
가르칠 때 모터와 발전기의 작동 원리를 알기 쉽게 설명하려고 애쓰다가 '플레밍
의 법칙'을 생각해 냈어. 이 법칙은 전 세계에 퍼졌고, 지금도 학교에서 그때와 똑
같은 내용을 가르치고 있어.

퀴즈

플레밍이 발명한 진공관은 훗날 무엇에 쓰였을까?

❶ 텔레비전　　❷ 자전거　　❸ 손목시계　　❹ 안경

정답 | ❶ 나중에 진공관은 라디오와 텔레비전, 전화기 등에 사용되었어요.

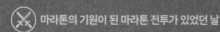

9월 12일

젖 먹던 힘까지 달려
승리를 알린 병사

그리스군은 약 2만 명의 병사를 거느린 페르시아군과
단 1만 명으로 맞붙었고 기적적인 승리를 거뒀어요.

마라톤의 시작은 승리를 외친 병사의 행동이었다?!

이날 그리스와 페르시아(지금의 이란)가 전쟁을 했어요. 페르시아는 이 전쟁을 위해서 많은 군대를 모았지만, 규모가 반에도 못 미쳤던 그리스군에 지고 말았어요. 그런 상황에서 승리를 끌어낸 그리스군의 병사가 너무 기쁜 나머지 소리를 지르며 승리를 알리기 위해 46킬로미터나 되는 거리를 달렸다는 이야기가 전해져요. 이 일화는 현재 육상경기 마라톤의 기원이 되었다고 해요. 하지만 무거운 장비를 몸에 걸친 채로 달린 병사는 그대로 목숨을 잃었다고 해요.

 퀴즈 ★★★ **이 전쟁에서 46킬로미터의 거리를 달린 병사의 이름은?**

❶ 아르키메데스　　　　❷ 에우클레스　　　　❸ 밀티아데스

정답 | ❷ 그가 달린 마라톤에서 아테나까지의 거리가 46킬로미터 정도였어요.

제1회 보스턴마라톤 경기가 열린 날

4월 19일

1897년 ────
미국
여기쯤
근대
■ 있음
□ 없음

올림픽 다음으로
오래된 스포츠 대회, 마라톤

세계적인 규모의 마라톤 대회 중에서 가장 오랜 역사를 가진 보스턴 마라톤은
이날 미국 매사추세츠주의 보스턴에서 제1회 대회가 열렸어요.

진정한 승부는
30km를 넘으면 나타나는
'상심의 언덕'이다!

오랜 역사를 가진 보스턴마라톤

1897년 미국 독립전쟁이 시작된 날인 '애국자의 날'을 기념해서 매사추세츠주 보
스턴에서 제1회 보스턴 마라톤대회가 열렸어요. 일반인 주자가 달릴 수 있는 대회
중에서 가장 오래된 역사와 전통을 가진 대회예요.

퀴즈 | **1947년 보스턴 마라톤대회에서 처음 우승한 한국인은?**

❶ 이봉주　　❷ 서윤복　　❸ 황영조　　❹ 손기정

정답 | ❷ 광복 이후 처음으로 태극기를 세계에 알렸어요.

미국에서 테러 사건이 일어난 날

9월 11일

2001년

미국

현대

■ 있음
□ 없음

여기쯤

빌딩에 비행기가 돌진! 미국에 테러가 일어나다

미국의 강압적인 방식에 화가 난 테러리스트들이 동시다발 테러를 일으켰어요.
비행기가 충돌해서 뉴욕의 고층 빌딩이 쓰러졌어요.

테러리스트 vs. 미국

이날 아침, 폭력으로 세상을 좌지우지하려는 테러 집단 알카에다가 납치한 여객기를 미국 뉴욕의 빌딩에 충돌시키고, 여러 중요 시설을 공격했어요. 알기에디는 미국의 외교 태도와 사고방식에 분노했어요. 이 공격으로 110층 빌딩 2동이 쓰러졌고, 2,977명이 사망했어요. 사건이 일어난 뒤 미국은 알카에다의 근거지인 아프가니스탄과 전쟁을 선포했어요.

퀴즈 이날 빼앗긴 비행기는 몇 대였을까?

❶ 1대 　　❷ 3대 　　❸ 4대 　　❹ 5대

정답 | ❸ 4대의 비행기 중 2대가 뉴욕의 빌딩에 부딪혔어요.

🎂 히틀러가 태어난 날

4월 20일

1889년
독일 | 근대

■ 있음
□ 없음

여기쯤

20세기 최악의 독재자, 거대 전쟁에 세계를 끌어들이다

히틀러는 전 세계가 휘말린 전쟁의 계기를 만든 인물로,
나라를 자기 마음대로 주물렀어요.

화가 지망생에서 정치인이 된 히틀러

독일의 악명 높은 정치인 아돌프 히틀러는 이날 태어났어요. 히틀러는 독불장군 정치로 전쟁에 패배하고, 전쟁 중에 많은 유대인을 죽인 잔혹한 사건으로 유명한 인물이에요. 히틀러는 원래 화가를 꿈꿨다고 해요. 미술 학교에 다니고 싶었던 히틀러는 입학시험을 치렀지만 불합격해 직접 그린 그림엽서를 팔아서 생계를 꾸렸고, 이 과정에서 정치에 대한 지식을 익혔어요. 또한 그는 아버지와 사이가 나빴고, 사춘기 반항으로 학교 성적도 별로 좋지 않았데요.

★★★
퀴즈 | **히틀러가 많은 사람을 죽였던 사건을 뭐라고 부를까?**

❶ 남경 사건　　　　❷ 홀로코스트(학살)　　　❸ 나치

정답 | ❷ 홀로코스트로 인해 약 600만 명의 유대인이 목숨을 잃었어요.

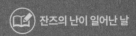 잔즈의 난이 일어난 날

9월 10일

869년
이슬람 제국 | 중세

☐ 있음
■ 없음

여기쯤

흑인 노예들이 반란을 일으킨 남자

이라크 남부 주변에 있던 흑인 노예들은
알리라는 남자와 함께 반란을 일으켰어요.

14년이나 계속된 싸움

오랜 옛날 이라크 남부에는 잔즈라고 불리는 흑인 노예가 많았어요. 이날 알리 이본 무함마드리는 이름의 남자가 나타나 진즈를 모아서 반란을 일으켰어요. 반란 그룹은 점점 늘어났고, 9년 후에는 자기들만의 도시 무크타라를 세웠어요. 하지만 왕의 정규군 5만 명에게 무크타라를 포위당했고, 2년에 걸친 전투 끝에 883년 반란군이 진압되면서 알리는 무너졌어요. 결국 14년간 이어진 반란도 결말을 맞이했어요.

 퀴즈 | 잔즈들은 어떤 일을 했을까?

❶ 염도가 높은 땅을 개량   ❷ 취사 세탁

❸ 공부   ❹ 짐 운반

정답 | ❶ 이라크 남부는 바다가 가까워서 땅이 소금기를 머금고 있었어요. 작물이 잘 자라지 않는 환경이었지요.

사회·경제에 큰 영향을 준 위대한 인물

20세기 초에 활약했던 독일의 사회경제학자 베버는
정치인의 아들로 태어나 유복한 가정에서 자랐어요.

20세기를 대표하는 사회학자 베버

이날 20세기 초에 활약했던 독일의 사회경제학자 막스 베버가 태어났어요. 베버는 '왜 근대 유럽에서는 자본주의가 크게 발전했을까?'라는 의문을 품고, 그 이유를 '프로테스탄티즘*의 윤리가 자본주의 정신에 영향을 미쳤기 때문'이라고 생각했어요. 베버는 경제와 관료(나라의 관리) 제도, 국가 등 사회에 대한 다양한 생각을 발표했고 커다란 영향을 주었어요.

*프로테스탄트의 이론으로 신을 믿고 성서의 가르침을 소중히 하는 생각을 말해요.

퀴즈 **1920년에 베버가 사망한 원인은?**

❶ 교통사고　　❷ 노쇠　　❸ 스페인 독감　　❹ 전쟁

정답 | ❸ 베버는 세계적으로 크게 유행한 스페인 독감에 걸려 죽었어요.

 커넬 샌더스가 태어난 날

9월 9일

1890년   근대

미국

여기쯤

■ 있음
□ 없음

프라이드치킨을 만든 켄터키 할아버지

커넬 샌더스는 어머니를 돕기 위해 여러 일에 뛰어들면서 고생을 많이 했어요.
그리고 전 세계인에게 사랑받는 프라이드치킨을 만들었지요.

엄청난 인기...

처음에는 좌석이 6개뿐인 자그마한 카페였어요.

주유소에서 팔았던 최초의 프라이드치킨

패스트푸드 가게인 '켄터키 프라이드치킨(KFC)'을 창업한 나, '커넬'은 켄터키주에 공헌한 사람에게 수여되는 명예로운 호칭이야. 내 본명은 하란드 데이비드 샌더스란다. 내가 6살 무렵에 아버지가 돌아가셔서 어머니를 도우려고 14살에 학교를 그만두고 무슨 일이든 닥치는 대로 하면서 살았어. 40살 때 주유소 사업을 시작했는데 레스토랑 코너에서 팔던 음식이 프라이드치킨의 시작이었지.

★★★
퀴즈   커넬 샌더스가 쓴 안경은 어느 나라에서 만든 안경일까?

❶ 일본   ❷ 미국   ❸ 독일   ❹ 프랑스

정답 | ❶ 일본에서 안경으로 유명한 지역인 후쿠이현 사바에시에서 만든 제품을 썼어요.

제1회 지구의 날이 개최된 날

4월 22일

1970년
세계 여러 나라

현대

■ 있음
□ 없음

환경을 보호하는
지구의 날

지구의 날은 지구환경에 대해 생각하는 날이에요.
이날에 열린 환경보호 운동을 기념해서 지정되었어요.

우리 모두 지구환경을 생각합시다

계기가 된 것은 1969년에 미국 캘리포니아주 산타바바라에서 일어난 원유유출사
고예요. 대량의 원유가 바다를 오염시켰어요. 다음 해의 이날에 미국의 상원의원
넬슨이 환경보호를 위한 집회를 열었어요. 깨끗한 공기와 물이 흐르는 지구환경의
소중함을 호소했어요. 이것을 기념하여 '지구의 날'이 생겼지요. 해마다 지구의 날
에는 전 세계에서 환경문제에 대한 행사를 실천하고 있어요.

퀴즈 지구의 날이 생겼을 때 우리나라 대통령은 누구였을까?

❶ 김대중　　❷ 박정희　　❸ 이승만　　❹ 이명박

정답 | ❷ 1963~1979년 동안 대통령이었어요. 당시 우리나라는 경제 살리기에 더 집중하던 시대예요.

샌프란시스코 평화조약이 맺어진 날

9월 8일

1951년

미국

현대

■ 있음
□ 없음

여기쯤

평화조약을 맺고
전쟁의 마침표를 찍다

태평양 전쟁이 끝난 뒤 미국을 포함한 연합국은 일본을 나눠서 점령하고 약 6년 정도 통치했어요. 그리고 이날 평화조약을 맺으며 마침내 전쟁 상태를 종료했어요.

연합국 vs. 일본

이날 태평양 전쟁에서 편 갈라 싸웠던 연합국 48개국과 일본 사이에 전쟁을 멈추자는 샌프린시스코 평화조약이 맺어졌어요. 진젱이 끝나고 연힙국(미국·영국·네딜란드 등)의 통치를 받았던 일본은 이 조약에 서명하여 국제 사회에서 더 이상 미움받지 않게 되었어요. 패전국이 된 일본의 사회는 여러 외국 손길에 의해 굴러갔지만, 평화조약 체결 후에는 모두 일부 기지만 남기고 자기 나라로 돌아갔어요.

퀴즈

샌프란시스코 평화조약을 맺은 일본의 총리는?

❶ 아베 신조
❷ 요시다 시게루
❸ 다나카 가쿠에이
❹ 고이즈미 준이치로

정답 | ❷ 전쟁에서 패배한 일본을 일으켜 세운 총리예요.

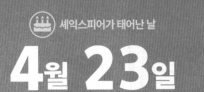

많은 명작을 남긴
천재 작가

《햄릿》,《맥베스》,《오셀로》,《리어왕》으로 꼽히는
4대 비극을 포함해서 많은 명작을 남긴 셰익스피어는 이날 태어났어요.

**사람의 감정을 교묘하게 그린
비극과 희극을 많이 썼어.**

4대 비극을 쓴 셰익스피어

나는 윌리엄 셰익스피어야. 영국을 대표하는 극작가로, 르네상스 문학의 최고봉에 올랐지. 난 영국 중부의 어느 마을에서 태어났어. 배우가 되려고 무대 위에 섰던 적도 있지만, 도중에 극작가로 활약하면서 《로미오와 줄리엣》,《베니스의 상인》처럼 지금도 공연되는 유명한 작품의 연극 대본을 40편이나 썼어.

퀴즈 셰익스피어가 활동했던 극장의 이름은?

❶ 글로브 극장　　❷ 가부키초　　❸ 도쿄돔　　❹ 우주 극장

정답 | ❶ 셰익스피어는 런던의 템스강 가까이에 위치한 글로브 극장에서 활동했어요.

브라질이 독립한 날
9월 7일

1822년
브라질
근대
■ 있음
□ 없음
여기쯤

남미의 브라질, 포르투갈에서 독립하다

남아메리카 대륙의 아마존강이 흐르는 커다란 나라 브라질은
한때 포르투갈의 일부였지만, 포르투갈 국왕 주앙 6세의 아들인
페드루 1세가 황제 자리에 오르며 독립했어요.

브라질은 포르투갈의 영토였다?!

현재 브라질의 뿌리가 된 나라는 1,500년에 포르투갈 국왕이 발견했기 때문에 포르투갈령이 되었어요. 포르투갈이 프랑스에 공격받았을 때 포르투갈 왕가는 대서양을 건너 브라질로 망명하여 '포르투갈 브라질 연합왕국'을 세웠어요. 위세를 떨치던 나폴레옹이 워털루 전투의 패배로 무너지자, 포르투갈 왕가는 다시 본국으로 돌아가기로 했어요. 하지만 왕의 아들인 페드루 1세는 브라질에 남았고, 이날 '브라질 제국'을 선포하며 독립했어요.

퀴즈 브라질에서 가장 많이 사용되던 언어는?

❶ 브라질어　　❷ 포르투갈어　　❸ 프랑스어　　❹ 스페인어

정답 | ❷ 원주민인 인디오의 언어 등에 영향을 받아서 '브라질 포르투갈어'라고도 해요.

🎂 카트라이트가 태어난 날

4월 24일

1743년

영국

근대

■ 있음
□ 없음

여기품

방직기 발명으로
대량 생산이 가능해지다

산업혁명 시대에 증기기관으로 작동하는 직물 제작 기계인
'자동 방직기(직조기)'를 발명한 에드먼드 카트라이트는 이날 태어났어요.

산업혁명의 발명가 카트라이트

영국의 발명가 카트라이트는 옥스퍼드 대학에서 신학을 공부하고 40살까지 목사
로 지냈어요. 그런데 1785년 어느 날, 짜는 사람이 부족해 실이 산더미처럼 쌓여
있는 모습을 보고 증기기관으로 많은 실을 한 번에 짜내는 '자동 방직기'를 발명했
어요. 방직기로 제작된 직물은 수작업의 품질에는 미치지 못했지만, 직물을 대량
으로 짤 수 있게 되었어요.

퀴즈 | 카트라이트가 발명한 또 다른 발명품은?

❶ 방적기　　　❷ 탈곡기　　　❸ 재봉틀　　　❹ 양모 소모기

정답 | ❹ 1792년 양털을 다듬어주는 기계를 발명해 특허를 받았어요.

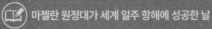
마젤란 원정대가 세계 일주 항해에 성공한 날

9월 6일

1522년
스페인
근세

여기쯤
■ 있음
□ 없음

배를 타고 세계 일주!
3년간의 대장정

망망대해에서 오랫동안 항해를 하다 보면 위험천만한 사건을 몇 번이고 맞닥뜨리기 때문에 사람들은 마젤란 원정대가 성공할 거라고 기대하지 않았대요.

3가지 다른 그림을 찾아라!

많은 선원이 사망했지만, 목표는 달성

1519년 스페인에서 모집한 마젤란 원정대가 바다에 배를 띄웠어요. 그리고 3년의 세월이 지난 이날, 마젤란 원정대는 출항지였던 스페인의 세비야항에 돌아왔어요. 세계 일주 항해에 최초로 성공했지만, 안타깝게도 원정대를 이끌던 마젤란과 많은 선원이 스페인에 돌아오지 못하고 목숨을 잃었어요. 약 300명이던 선원 중 살아남은 사람은 단 18명뿐이었어요.

⚔️ 미국이 스페인에 선전포고한 날

4월 25일

1898년 ──────
미국
근대

여기쯤
■ 있음
□ 없음

쿠바를 둘러싼
미국과 스페인의 분쟁

쿠바에서 반란이 일어나 미국(한자로 미米)과 스페인(한자로 서西)이 대립했어요.
이날 미국이 선전포고해서 미서전쟁이 시작되었어요.

앞으로 쿠바를 스페인이
좌지우지 못 하게 할 거야!

뽀글
뽀글

미서전쟁의 신호탄

1895년에 스페인령 식민지였던 쿠바에서 반란이 일어나자 쿠바의 설탕(사탕수수)
에 투자한 미국은 스페인과 대립했어요. 미국의 매킨리 대통령은 전쟁을 바라지
않았지만, 1898년 미국의 전함 메인호가 쿠바의 하바나만에서 폭발로 침몰하는
사건이 일어났어요. 이 사건으로 스페인을 비난하는 여론이 강해졌고, 이날 전쟁
을 선언하면서 미서전쟁이 시작되었어요.

퀴즈 대항해시대에 쿠바를 발견한 사람은?

❶ 마젤란　　❷ 콜럼버스　　❸ 마르코 폴로　　❹ 드레이크

정답 | ❷ 1492년에 탐험가 크리스토퍼 콜럼버스가 발견했어요.

 쿡이 새로운 섬을 발견한 날

9월 5일

1774년

뉴칼레도니아

근대

■ 있음
□ 없음

여기쯤

제임스 쿡,
뉴칼레도니아를 발견하다

유럽인들이 배를 타고 해외로 진출했던 18세기에
호주 동쪽에 있는 뉴칼레도니아를 쿡 선장이 발견했어요.

엔데버호를 타고
세계의 바다
대모험에 성공했죠!

섬 발견은 물론, 금성 관측도 성공!

뉴칼레도니아섬 이름의 유래

영국의 군인이면서 탐험가인 내 이름은 제임스 쿡이야. 유럽인 중에서 처음으로
남태평양에 떠 있는 뉴칼레도니아섬을 발견했어. 왜 이런 이름을 붙였냐고? 섬에
뻗어있는 산맥이 내 아버지의 고향인 스코틀랜드 풍경과 비슷해 보였어. 스코틀랜
드는 로마 시대에 칼레도니아라고 불렸거든. 그래서 섬 이름에 넣은 거야.

 퀴즈 **뉴칼레도니아의 크기는 어느 정도일까?**

❶ 하와이   ❷ 타이완   ❸ 시코쿠   ❹ 아이슬란드

정답 I ❸ 국토의 면적은 1만 8,575.5제곱킬로미터이고, 일본의 시코쿠, 우리나라로 치면 경상북도 정도의 크기예요.

📖 독일군이 게르니카를 공중폭격한 날

4월 26일

1937년 ——————
스페인
현대

■ 있음
□ 없음

여기쯤

피카소 그림에 담긴
스페인 마을의 공중폭격

이날 독일군이 내전 상태였던 스페인의 게르니카 마을을 공중에서 폭격했어요.
피카소는 전쟁의 참혹함을 그림으로 그렸어요.

피카소, 전쟁의 끔찍함을 그리다

나는 '20세기 최고 예술가'라고 불리는 파블로 피카소야. 이날 한창 내전이 벌어지던 스페인의 게르니카에 독일군이 무차별 폭격을 퍼부었어. 고향인 스페인에서 일어난 비참한 전쟁 소식을 접한 나는 〈게르니카〉를 그렸어. 이 그림에는 전쟁에 대한 분노가 담겨 있어.

  퀴즈 〈게르니카〉는 어디에 전시하기 위해 그렸을까?

❶ 올림픽　　❷ 파리 만국 박람회　　❸ 월드컵　　❹ 슈퍼볼

정답 | ❷ 1937년에 열린 파리 만국 박람회 스페인 공화국관에 전시하려고 그렸어요.

슈바이처가 사망한 날

9월 4일

1965년
가봉
현대

■ 있음
□ 없음

여기쯤

아프리카 의료에
인생을 바친 슈바이처

아프리카 가봉이라는 나라의 정글 속에 자리 잡은 랑바레네 마을에서
슈바이처는 의료 활동에 힘쓰며 많은 환자를 치료했고, 이곳에서 사망했어요.

아픈 사람을
돕는 것도 좋지만,
음악도 좋아해요.

노벨평화상 상금으로
병원을 세운 밀림의 성자

나는 독일의 의사 알베르트 슈바이처란
다. 병으로 고통받는 사람들을 구하려고
38살 때 아프리카로 건너갔지. 아프리카
는 의사가 별로 없는 나라였어. 나는 1차
세계대전 중에 프랑스군에게 붙잡혀 수
용소에 감금되기도 했지만, 전쟁이 끝나
고 다시 아프리카로 돌아갔어. 의료 봉사
활동을 인정받아서 노벨평화상도 받았지.
나는 음악가이기도 해서 병원을 세울 돈
을 모으려고 파이프오르간 콘서트도 열
었어.

★★★
퀴즈   원주민들이 슈바이처에게 붙인 별명 '오강가'의 뜻은?

❶ 의사   ❷ 요술쟁이   ❸ 탐험가   ❹ 마법사

정답 | ❹ 반짝반짝 빛나는 도구로 마법을 부리는 사람이라는 뜻이었다고 해요.

런던 동물원이 문 연 날

4월 27일

1828년
영국 | 근대

여기쯤
■ 있음
□ 없음

우리도 보고 싶어요!
모두가 즐기게 된 동물원

왕족이나 일부 부자만 즐길 수 있었던 동물원이
누구나 즐길 수 있는 시설로 다시 태어났어요.

3가지 다른 그림을 찾아라!

동물을 사랑한 사람들

동물원은 당시에도 있었지만, 돈이 많은 사람들만 즐길 수 있던 시설이었어요. 이 날 영국 런던에 문을 연 동물원은 '주(zoo)'라는 애칭으로 사랑받았고, 일반 시민들도 즐길 수 있었어요. 런던 동물원은 동물을 좋아하던 사람들이 만들었는데, 이 사업과 관련된 사람들이 모인 조직인 '런던동물학회'가 운영해요.

정답 | ❶ 동물의 색 ❷ 시계 바늘 ❸ 왼쪽 나무의 열매

 크롬웰이 사망한 날

9월 3일

1658년
영국   근세

■ 있음
□ 없음
여기쯤

두 번 죽은
청교도의 리더 크롬웰

영국 프로테스탄트의 한 종파인 '청교도(퓨리턴)'는 과도한 세금을 거둬들이려는 왕에게 반란을 일으켰어요. 이때 혁명군을 지휘한 사람이 크롬웰이에요.

사형!

이미 죽었는데...

죽은 뒤 사형당한 혁명 지도자

지금의 영국에 있던 잉글랜드 공화국의 기독교 조직 청교도는 1642년부터 혁명을 일으키고, 1649년에 제멋대로인 왕 찰스 1세를 붙잡아 처형했어요. 청교도들을 이끌던 올리버 크롬웰은 나라를 다스리는 군주가 되었지만, 1658년에 병에 걸려 사망하고 말았어요. 하지만 크롬웰의 방식이 강압적이었기 때문에 죽은 뒤 재판대에 세워졌고, 무덤에서 시신을 파내서 머리가 잘리는 형벌을 당했어요.

 퀴즈 크롬웰의 사망 원인이었던 병은?

❶ 인플루엔자   ❷ 암   ❸ 결핵   ❹ 홍역

정답 | ❶ 크롬웰의 직접적인 사망 원인으로 여겨져요.

4월 28일

711년
이슬람 제국
중세

□ 있음
■ 없음

여기쯤

침입자 이슬람 세력이
지브롤터를 점령하다

타리크 장군이 이끄는 이슬람군이 이베리아반도에 쳐들어갔어요.
타리크 장군의 이름은 나중에 '지브롤터'라는 지명의 유래가 되었어요.

나의 이름이 지명이 되어 영원히 남을 줄이야.

지브롤터의 유래

이날 이슬람교도인 장군이 유럽 대륙과 아프리카 대륙을 가로지르는 해협을 건너 이베리아반도를 공격했어요. 해협의 북쪽 연안에는 커다란 바위산이 있는데, '헤라클레스의 기둥'이라고 불렸어요. 이슬람군이 이곳을 점령했기 때문에 지휘관인 타리크 장군의 이름을 따서 아라비아어로 '자발 알 타리크(타리크의 언덕)'라고 불렀어요. 나중에 '지브롤터'라는 이름이 되었어요. 이 지역은 현재 영국 영토예요.

'헤라클레스의 기둥'의 헤라클레스는 누구?

❶ 화가　　❷ 건축가　　❸ 그리스 신화의 영웅　　❹ 명탐정

정답 | ❸ 그리스 신화에서 제우스와 암피트리온의 아내 알크메네 사이에서 태어난 아들이에요.

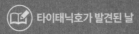 타이태닉호가 발견된 날

9월 2일

1985년
미국
현대
■ 있음
□ 없음
여기쯤

침몰한 타이태닉호, 바다 밑에서 발견!

빙산에 부딪혀서 침몰한 호화 여객선을 최신 조사 방법으로 발견했어요.
하지만 조각조각으로 썩고 흩어져서 끌어올릴 수 없었어요.

최신 방법으로 73년 만에 찾아내다

1912년 북대서양에서 호화 여객선 타이태닉호가 커다란 빙산에 부딪혀서 침몰했어요. 사망한 사람이 1,513명에 이르러서 당시 세계에서 가장 큰 해양 사고로 일컬어졌어요. 이날 가라앉은 타이태닉호의 선체가 약 3,800미터 바다 아래에서 발견되었어요. 미국과 프랑스의 공동 조사대가 초음파 탐지기와 바다 밖에서 조종하는 무인 수중 카메라 등의 기계를 이용해서 발견했다고 해요.

 퀴즈 | 타이태닉호는 영국에서 어디로 향하고 있었을까?

❶ 프랑스　　❷ 미국　　❸ 중국　　❹ 브라질

정답 | ❷ 타이태닉호는 미국의 뉴욕에 도착할 예정이었고, 첫 항해였어요.

타브리즈 시민군이 패배한 날

4월 29일

1909년
이란
현대

■ 있음
□ 없음

여기쯤

입헌제를 바란 시민군, 반혁명군에게 패배하다

이란에서 첫 국민의회가 열리고 헌법이 정해지자 위기를 느낀
'샤'라고 불리는 왕이 주요 도시를 강압했어요.

다시 입헌제를 되돌리기 위해 왕의 군대와 싸우자!

타브리즈 시민의 패배, 입헌 혁명의 좌절

1906년 이란에서 헌법이 만들어졌어요. 자기 힘이 약해졌다고 생각한 왕은 혁명에 반대하는 사람들을 모아서 주요 도시를 힘으로 꺾으려고 했죠. 이에 헌법을 지키려는 시민들이 저항하며 맞서 싸웠어요. 그중에서 타브리즈 시민들이 가장 격렬하게 대항했어요. 타브리즈 시민군은 이날 반혁명군에게 협력한 러시아군의 공격을 받아 무너졌고, 이란의 입헌제*도 좌절되고 말았어요.

* 헌법에 기초하여 영토와 국민을 다스리는 것을 말해요.

퀴즈 | 이란 북서부의 마을 타브리즈의 특산품은?

❶ 멜론　　❷ 수박　　❸ 낫또　　❹ 페르시아 융단

정답 | ❹ 면화 재배가 발달한 타브리즈는 페르시아 융단의 생산지로 유명해요.

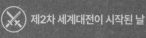

선전포고,
전 세계가 휘말린 전쟁

영국과 프랑스는 폴란드를 지원하고 있었어요. 그런데 독일이 그 사실을 알면서도 폴란드를 침공하며 전쟁의 기폭제(계기가 되는 일)가 되었어요.

세계 각지에서 전쟁의 불꽃이 피어오르다

이날 독일 베를린의 라디오와 신문이 폴란드에서 전쟁을 벌이겠다는 내용을 알렸어요. 당시 폴란드는 영국과 프랑스의 지원을 받던 나라였어요. 그래서 영국이랑 프랑스도 독일과 전쟁을 시작하겠다고 선언했어요. 이게 바로 제2차 세계대전이에요. 이때까지 일어난 전쟁 중 가장 규모가 큰 전쟁으로 번졌어요. 제2차 세계대전에서는 병사, 민간인을 모두 합쳐 8,500만 명이나 목숨을 잃었다고 해요.

 퀴즈

이때 독일의 정당은?

❶ 민주당   ❷ 나치당   ❸ 자유당

정답 | ❷ 당시의 독일은 '나치 독일'이라고 불렸어요.

샌드위치 백작이 세상을 떠난 날

4월 30일

1792년

영국

근대

■ 있음
□ 없음

여기쯤

카드 게임을 좋아한
샌드위치 백작

빵에 고기와 채소 등을 끼워 먹는 샌드위치는 유명한 정치가이자
제임스 쿡의 태평양 탐험을 후원한 존 몬태규의 이름이에요.

**이 음식은 내 이름을 따서
샌드위치라고 부르게 되었지!**

샌드위치 이름의 유래

나는 18세기 영국의 귀족, 제4대 샌드위치 백작인 존 몬태규야. 나는 식사하는 시간조차 아까워할 정도로 카드 게임에 푹 빠져서 '게임을 하면서 먹을 수 있는 식사는 없을까?' 생각했어. 그래서 빵 사이에 재료를 끼워 넣은 샌드위치를 떠올렸지.

★★★ 퀴즈	최초의 기내식(비행기에서 주는 식사)은?			
	❶ 오믈렛	❷ 파스타	❸ 샌드위치	❹ 햄버거

정답 | ❸ 1910년 10월 11일 런던 파리 노선에서 샌드위치를 3실링에 팔았어요.

9월

5월

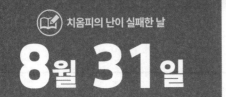

우리도 정권을 만들어
정치에 참가하자

이탈리아의 피렌체에서 '치옴피'라고 불리는 노동자들이 반란을 일으켰어요.
이들은 한때 정권까지 수립했지만 끝내 실패하고 말았어요.

노동자들의 불만이 폭발하다

이탈리아의 모직물 공업에서 낮은 지위의 노동자를 '치옴피'라고 불렀어요. 값싼 임금을 받고 일을 했지요. 당시의 상입이나 정치는 '길드'라는 직업 조합이 마음대로 휘둘렀어요. 이런 상황에 화가 난 치옴피는 피렌체라는 도시에 모여서 반란을 일으켰고, 자기들의 정권을 만들었어요. 하지만 이날 길드와의 전투에서 패배해서 치옴피 정권도 쓰러지고 말았어요.

퀴즈 | 이탈리아의 유명한 '피사의 사탑'의 특징은?

❶ 비스듬히 지어졌다　　❷ 100층 건물
❸ 금색 벽　　❹ 바다 위에 지어졌다

정답 | ❶ 건설 중에 지반이 가라앉아서 비스듬한 상태가 되었어요.

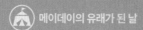

파업으로 이뤄낸
국제적인 노동자의 축제

매년 이날이면 열리는 국제적인 노동자의 축제, 메이데이는 근로자의 날이에요.
이 기념일은 미국에서 일어난 파업 때문에 생겼어요.

하루 8시간만 일하게 해줘

당시 시카고에서는 12시간 이상 근무하는 것이 평범한 일이었어요. 일하는 시간이 너무 길어서 노동자들은 더는 참지 못하고 '하루 8시간 근무'를 요구하며 파업을 실행했어요. 1889년에 프랑스의 파리에서 혁명 100주년을 맞아 국제 사회주의 회의가 열렸고, 해마다 이날을 노동자의 권리를 주장하고 단결하는 날로 정했어요.

★★★
퀴즈　우리나라에서 근로자의 날을 처음 시행한 건 몇 년도일까?
❶ 1950년　　❷ 1958년　　❸ 1963년　　❹ 1965년

정답 | ❷ 1958년 3월 10일 노동절이에요. 1963년에 명칭을 근로자의 날로 바꾸고 다른 나라와 같이 5월 1일로 바꿨어요.

8월 30일

단체로 농사하면 성공할 줄 알았는데

중국의 지도자인 마오쩌둥은 농업과 공업을 발전시키려고
농촌에 '인민공사'라는 조직을 만들었지만, 생각대로 잘 굴러가지 않았어요.

농업을 발전시키려고 했지만, 일만 많아졌어

중국의 지도자인 마오쩌둥은 집단으로 농사를 지으면 농업이 발전할 거로 생각했
어요. 그래서 인민공사에 농업은 물론 공업과 학교 교육까지 맡기려고 했어요. 하
지만 할 일이 너무 많았던 탓에 농촌 생산력은 오히려 떨어졌어요. 엎친 데 덮친 격
으로 자연재해도 일어나서 마오쩌둥의 계획은 실패하고 말았어요.

퀴즈 | **마오쩌둥이 없애라고 명령한 동물은?**
❶ 까마귀　　❷ 돼지　　❸ 참새　　❹ 개

정답 | ❸ 농작물인 쌀을 먹는다는 이유로 없애라고 했는데, 오히려 참새가 잡아먹던 해충이 늘었어요.

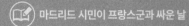

왕좌를 노리는 나폴레옹에 스페인 민중이 대항하다

나폴레옹이 스페인 국왕 자리를 빼앗을 속셈으로 스페인 왕실을 내쫓으려 하자 그 사실을 알게 된 마드리드 시민들은 프랑스에 대해 반란을 일으켰어요.

마드리드 시민 vs. 프랑스군

프랑스 황제 나폴레옹이 왕실 내 분란이 있던 스페인 국왕 자리를 노리고 빼앗으려고 했어요. 그래서 포르투갈과의 전쟁을 이유로 스페인에 프랑스 군대를 주둔시켰어요. 이런 나폴레옹의 계획이 드러나자 마드리드 시민들은 이날 프랑스를 상대로 반란을 일으켰어요. 하지만 프랑스군의 뮈라 장군에게 무력으로 제압당하고 말았어요.

 퀴즈 프랑스군에 저항한 스페인 시민들의 모습을 그린 화가는?
❶ 고흐　　❷ 모네　　❸ 고야　　❹ 피카소

정답 | ❸ 고야는 〈1808년 5월 2일〉과 〈1808년 5월 3일〉이라는 그림을 그렸어요.

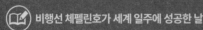 비행선 체펠린호가 세계 일주에 성공한 날

8월 29일

1929년 ─────
독일   현대

여기쯤

■ 있음
□ 없음

세계에서 가장 큰 비행선을 타고 지구 한 바퀴

비행기가 발전하기 전에는 하늘을 여행할 때 비행선을 이용했어요.
이날 세계 최대의 비행선 체펠린호가 세계 일주 여행에 성공했어요.

세계 일주 떠납니다~!

비행선의 첫 세계 일주는 대성공

체펠린호는 당시 세계 최대의 비행선으로 독일에서 출발하여 도중에 아시아에도 들리면서 이날 세계 일주 여행에 성공했어요. 하지만 1937년에 힌덴부르크호라는 비행선이 폭발 사고를 당하자 그 후부터는 비행선 대신 비행기가 하늘 여행에 이용되었어요.

 퀴즈 | 비행선의 커다란 주머니 속에는 무엇이 들어 있을까?

❶ 가솔린　　　❷ 가스　　　❸ 물　　　❹ 솜

정답 | ❷ 수소와 헬륨처럼 공기보다 가벼운 가스를 넣어서 공중에 띄웠어요.

영국에서 여성이 수상이 된 날

5월 3일

1979년

영국

현대

여기쯤

■ 있음
□ 없음

철의 여인!
당시는 드물었던 여성 정치인

당시 여러 사건이 겹치며 자금 부족으로 곤란을 겪던
영국을 구한 사람은 대범한 정책을 세워 밀고 나간 마거릿 대처였어요.

남성 우위 시대는 이제 그만

이날 유럽에서 처음으로 여성 수상이 탄생했어요. 그녀의 이름은 마거릿 대처에
요. 그녀는 과학자가 되고 싶었지만, 취직에 실패한 뒤 정치에 관심을 기울이게 되
었대요. 변호사 자격증을 따고, 경제 공부도 열심히 해서 영국이 금융위기에 빠졌
을 때 여러 가지 새로운 해법을 제시해서 영국을 구하고 수상이 되었어요. 지금까
지 없던 여성 수상이라는 이유로 오래 가지 못할 거라고 평가받았지만, 대처의 시
대는 무려 11년이나 이어졌다고 해요.

 퀴즈　마거릿 대처가 소속되었던 정당의 이름은?

❶ 노동당　　　　❷ 보수당　　　　❸ 민주당

정답 | ❷ 보수당의 첫 여성 대표로 뽑혔어요.

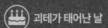

8월 28일

경험을 글로 썼더니
세계적인 작가가 되었어

유명한 작가인 괴테는 자기의 경험을 바탕으로 사랑 때문에 방황하는
청년이 주인공인 소설《젊은 베르테르의 슬픔》을 써서 높은 평가를 받았어요.

내 이야기를
바탕으로 썼어.

지금까지도 사랑받는
청춘 소설

나는 요한 볼프강 폰 괴테야. 대학에서 법률을 배우고 변호사가 되었지. 하지만 대학 생활부터 문학에 심취한 나는 일하면서 소설과 시를 썼어. 내 경험을 바탕으로 한 청춘 소설《젊은 베르테르의 슬픔》과 악마에게 유혹당하는 남자가 주인공인《파우스트》등이 좋은 평가를 받았지. 그 외에도 많은 작품을 남겼어.

★★★ 퀴즈 괴테가 변호사, 작가 이외에 했던 직업은?

❶ 경찰관 ❷ 의사 ❸ 음악가 ❹ 정치가

정답 | ❹ 26살에 지금의 독일 부근에 있었던 바이마르 공국이라는 나라에 초대되어 정치가가 되었어요.

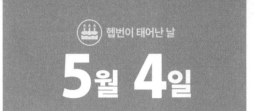

헵번이 태어난 날

5월 4일

1929년
영국
여기쯤
현대
■ 있음
□ 없음

20세기를 대표하는
슈퍼스타

영화 〈로마의 휴일〉의 주인공인 앤 공주를 연기하며 큰 인기를 끌었던
배우 오드리 헵번은 이날 벨기에에서 태어났어요.

많은 인기 영화의
주연을 맡았죠.

봉사하는 인생을 살다 간 헵번

나는 오드리 헵번이야. 〈로마의 휴일〉, 〈티파니에서 아침을〉 등의 영화에서 주인공
을 맡아서 큰 사랑을 받았지. 영화나 무대에서 상도 많이 받았어. 나는 비참했던 전
쟁 경험을 극복하고 미국에서 배우가 되어서 세계 곳곳의 어려운 아이들을 도왔어.

퀴즈 영화 〈로마의 휴일〉에서 앤 공주와 함께 로마를 돌아다녔던 사람은?

❶ 집사　　❷ 여행사 직원　　❸ 신문기자　　❹ 경호원

정답 ㅣ ❸ 앤 공주는 우연히 만난 미국인 신문기자와 함께 로마를 누볐어요.

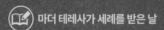 마더 테레사가 세례를 받은 날

8월 27일

1910년
오스만 제국
현대

□ 있음
■ 없음

여기쯤

가난한 자와 병든 자를 위해
신의 사랑을 바칩니다

마더 테레사는 인도에서 가난한 사람과 병에 걸려 고통받는 사람을 위해
활동했어요. 인도뿐 아니라 전 세계인의 존경을 한 몸에 받았지요.

평화는 미소에서
시작된단다.

헌신적인 돌봄으로 받은 노벨평화상

나는 마더 테레사인 아그네스 곤자 보야지우야. 지금의 북마케도니아에서 태어났
고, 18살에 수도원의 교사가 되어 영국령이었던 인도로 건너갔어. 나는 인도에서
빈곤과 질병에 허덕이는 사람들을 헌신적으로 돌봐서 1979년에 노벨평화상을 받
았어. 이런 나의 활동에 세계가 감동해서 내가 세상을 떠난 후에 봉사활동을 하는
사람들이 나타났다고 해.

 퀴즈 | 마더 테레사는 노벨평화상의 상금을 어떻게 사용했을까?

❶ 쇼핑 　❷ 도박 　❸ 투자 　❹ 기부

정답 | ❹ 자기를 위해 쓰지 않고, 상금을 모두 기부했어요.

쿠빌라이 칸이 황제의 자리에 오른 날

5월 5일

1260년
몽골 제국

중세

□ 있음
■ 없음

여기쯤

칭기즈 칸의 손자
몽골 제국의 황제가 되다

몽골 제국의 초대 황제 칭기즈 칸의 손자 쿠빌라이는
이날 제5대 황제의 자리에 올라 왕관을 받는 의식을 치렀어요.

나는 쿠빌라이야.

몽골 제국을
더 큰 나라로 만들겠어!

할아버지 뜻을 이어받아 몽골 제국을 완성했어

쿠빌라이는 1260년 이날 병으로 세상을 떠난 형의 뒤를 이어 몽골 제국의 황제 자리에 올랐어요. 쿠빌라이는 수도를 대도(지금의 중국 북경)로 옮기고, 1271년에 나라의 이름을 '대원'으로 고쳐서 대원제국의 초대 황제가 되었어요. 1279년에는 남송을 멸망시키고 중국을 통일했고, 이후로도 중국 각지에 원정을 떠나 영토를 점점 넓혀 나갔어요.

퀴즈

쿠빌라이가 일본에 원정을 떠났던 시기는 무슨 시대?

❶ 가마쿠라 시대   ❷ 에도 시대   ❸ 메이지 시대   ❹ 쇼와 시대

정답 | ❶ 가마쿠라 시대인 1274년과 1281년에 일본 원정길에 나섰지만 실패했어요.

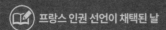
프랑스 인권 선언이 채택된 날

8월 26일

1789년

프랑스

근대

여기쯤

■ 있음
□ 없음

우리가 국민의 대표다!
분노한 평민이 나라를 바꾸다

이 선언은 자유와 평등, 엉망진창인 정치에 대한
불만 등 국민의 권리를 요구하며 발표되었어요.

평민만 세금을 내라니 불공평하잖아

18세기의 프랑스는 성직자, 귀족, 평민 순서로 신분이 나뉘어 있었어요. 잔인하게
도 세금은 평민만 내야 했지요. 그러던 중 차례로 일어난 전쟁, 왕의 사치와 낭비
때문에 프랑스의 국고는 텅 비어버렸어요. 그래서 국왕은 평민에게 세금을 더 많
이 거두려고 했는데, 강한 반대에 부딪히고 말았어요. 이를 계기로 국민들은 나라
를 바꾸려고 '프랑스 인원 선언'을 채택했어요. 프랑스 인권 선언은 세계 여러 나라
에서 제정된 헌법의 바탕이 되었어요.

퀴즈

이때 국왕은 누구였을까?

❶ 루이 13세　　　　❷ 루이 14세　　　　❸ 루이 16세

정답 | ❸ 프랑스 인권 선언 후 루이 16세는 처형되었어요.

5월 6일

1840년

영국

근대

■ 있음
□ 없음

여기쯤

세계에서 처음으로
우표가 사용되다

영국에서 세계 최초로 1페니짜리 우표와 2펜스짜리 우표를
5월 1일에 발행하고, 이날부터 사용하기 시작했어요.

세계 최초의 1페니 우표는
'페니 블랙'이라 불리는데,
인기가 높아요.

POSTAGE

ONE PENNY

첫 우표는 여왕님의 초상화

세계에서 처음으로 영국이 우표를 발행했어요. 당시 영국을 다스리던 빅토리아 여
왕의 얼굴이 그려진 1페니 우표로, 검은색 잉크로 인쇄되어서 '페니 블랙'이라고 불
려요. 2펜스 우표는 파란색 잉크로 발행되었어요. 그때까지는 보내는 거리와 무게,
편지지의 매수에 따라 요금이 달랐지만, 우표가 발행된 덕분에 어디에서 보내든지
요금이 같아져서 요금체계가 안정되었어요.

퀴즈 우리나라 최초의 우표인 '문위 우표'는 누가 만들었을까?

❶ 정약용　　　❷ 방정환　　　❸ 홍영식　　　❹ 문익점

정답 | ❸ 신식 문물을 주로 가져오면서 '신식 우편 제도의 아버지'로 불렸어요.

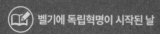 벨기에 독립혁명이 시작된 날

8월 25일

1830년 — 근대
벨기에

■ 있음
□ 없음

여기쯤

프랑스도 했는데, 우리도 혁명할 수 있어

벨기에는 네덜란드의 지배를 받고 있었는데,
프랑스에서 일어난 혁명에 자극받아 독립혁명을 일으켰어요.

혁명 성공!
오예!

벨기에도 혁명을 일으키자!
우와~

벨기에, 독립을 위해 싸우다

1830년에 프랑스에서 일어난 7월 혁명은 유럽 여러 나라에 영향을 주었어요. 당시 네덜란드의 지배를 받던 벨기에는 7월 혁명 소식을 듣고 투지를 불실라 독립혁명을 일으켰어요. 네덜란드가 보낸 군대와 맞붙었지만, 벨기에는 전투 중에 임시 정부를 세웠고 10월 4일에는 독립도 선언했어요. 마침내 1831년에 영국, 프랑스, 러시아 등이 참가한 런던회의에서 독립을 인정받았어요.

 퀴즈 | **벨기에의 유명한 디저트는?**

❶ 초콜릿　　❷ 사탕　　❸ 건조과일　　❹ 비스킷

정답 | ❶ 격자 모양의 철판에 구운 벨기에 와플도 유명해요.

1840년

러시아 제국

근대

여기쯤

☐ 있음
■ 없음

〈백조의 호수〉를 만든
발레 음악 작곡가

〈백조의 호수〉, 〈호두까기 인형〉, 〈잠자는 숲속의 공주〉 등을 작곡한
표트르 차이콥스키는 이날 러시아에서 태어났어요.

한 때 법률
공부를 했지만,
결국 작곡가가
되었지.

음악을 놓을 수 없었던
차이콥스키

나는 차이콥스키야. 〈백조의 호수〉 등 발
레 음악의 작곡가로 유명해. 젊을 때 법률
학교에 다녀서 재판을 관리하는 사법성의
서기관이 되었지만, 음악의 길을 잊을 수
없어서 다시 음악원에 입학하여 작곡 공
부를 했어. 발레 음악 이외에는 〈교향곡 제
6번 비창〉이 유명해.

★★★
퀴즈 〈백조의 호수〉의 주인공인 오데트 공주는 저주를 받아 무엇으로 변했을까?

❶ 까마귀　　❷ 백조　　❸ 황새　　❹ 늑대

정답 | ❷ 오데트 공주는 마녀의 저주 때문에 백조로 변했어요.

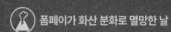 폼페이가 화산 분화로 멸망한 날

8월 24일

79년

로마 제국   고대

여기쯤

☐ 있음
■ 없음

화산 대폭발!
하룻밤 만에 사라진 도시

고대 로마 제국에 폼페이라는 도시가 있었어요.
가까운 화산이 분화해서 마을과 주민들이 한순간에 사라지고 말았어요.

숨겨져 있던 폼페이의 유적이 발견되다

지금의 이탈리아 나폴리 근처에 고대 로마 제국의 도시인 폼페이가 있었어요. 폼페이는 농업과 상업이 발달하고 휴양지로 인기 많던 도시였지만, 베수비오 화산이 폭발해서 멸망하고 말았어요. 그 후 16세기에 운하 공사를 하던 중 화산재로 덮여 있는 유적을 발견했어요. 1748년부터 발굴이 이루어져서 폼페이의 사람들이 어떻게 살았는지 알게 되었어요.

 퀴즈

폼페이의 유적은 지금 어떻게 되었을까?

❶ 댐   ❷ 공원   ❸ 쓰레기장   ❹ 군대 기지

정답 | ❷ 유적을 보존해서 공원으로 만들었어요. 발굴은 현재진행 중이에요.

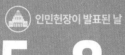 인민헌장이 발표된 날

5월 8일

국민이라면
선거에 참여할 수 있어야지

영국에서는 의회의 결정에 국민의 생각이 더 많이 반영될 수 있도록 바꾸자는 움직임이 번지고 있었어요. 그래서 노동자들이 '인민헌장'을 공개적으로 발표했지요.

성인 남자 보통선거, 공평한 선거구 제도를 포함한 6개의 요구를 공표했다!

노동자들이 인민헌장을 공개 발표하다

영국에서는 1832년에 의회개혁이 이루어졌지만, 선거권은 부유한 사람처럼 매우 일부만 가질 수 있었어요. 노동자 계층의 불만은 날로 더해갔어요. 그래서 1838년 이날 선거제도 개혁을 요구하며 런던의 노동자협회가 중심이 되어 성인 남성의 선거권, 무기명 투표 방식, 공평한 선거구 제도, 의회는 매년 교체될 것 등 6개 항목이 담긴 '인민헌장'을 발표했어요.

 퀴즈 우리나라에서 여성이 선거에 투표할 권리가 인정된 것은 언제일까?

❶ 1945년   ❷ 1948년   ❸ 1950년   ❹ 1953년

정답 | ❷ 세계적으로 여성 권리 인정의 바람이 불면서 우리나라에서도 이승만 정부 때 처음 행사되었어요.

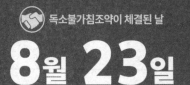

1939년
독일
현대

■ 있음
□ 없음

여기쯤

독일과 소련은
적군 아니었어?!

독일의 히틀러는 소련의 스탈린과 서로 공격하지 않겠다고
약속했어요. 독일은 영국과 프랑스와의 전쟁에 집중하고 싶었던 거예요.

서로에게 공격하지
않겠다고 약속하자.

'서로 공격하지 않기'로 약속

제2차 세계대전이 터지기 직전, 독일의 히틀러와 소련의 스탈린은 독소불가침조약을 맺었어요. 불가침조약이란 '서로 공격하지 않겠다'라고 약속하는 거예요. 히틀러와 스탈린은 이웃 나라인 폴란드를 같이 나누기로 했어요. 독일이 폴란드를 공격하면 이전부터 사이가 안 좋았던 영국과 프랑스와 더욱 험악한 관계가 될 것은 불 보듯 뻔한 일이었죠. 그래서 소련까지 공격하면 큰일이라서 소련과 불가침조약을 맺은 거예요.

퀴즈

스탈린 아버지의 직업은?

❶ 학교 선생님　　❷ 구두 장인　　❸ 빵집 사장　　❹ 군인

정답 | ❷ 그루지야에서 구두를 만드는 장인의 아들로 태어났어요.

흑인이 남아프리카 대통령이 된 날

5월 9일

1994년
남아프리카
여기쯤
현대
■ 있음
□ 없음

남아프리카에서 처음으로
흑인 대통령이 탄생하다

남아프리카에서는 백인의 지배가 오랫동안 이어져서
흑인들은 차별받았어요. 만델라는 첫 흑인 대통령이에요.

인종차별을 뿌리 뽑고,
남아프리카를
민주적인 나라로
만들겠어!

빠밤!

노벨평화상을 받은
넬슨 만델라

나는 넬슨 만델라야. 남아프리카 공화국
의 극단적인 인종차별 정책인 '아파르트
헤이트 정책'의 반대운동을 펼쳐서 27년
이나 감옥에 갇혀 지냈어. 석방 후 자유의
몸이 된 이 해에 남아프리카 공화국에서
처음으로 인종 제한이 없는 선거가 치러
졌고, 이날 흑인 최초의 대통령으로 뽑혔
어. 남아프리카의 민주화를 이끈 공로를
인정받아서 1993년에는 노벨평화상도
받았지.

퀴즈 만델라가 남아프리카 공화국에서 흑인으로서 처음 설립한 것은?

❶ 학교　　❷ 경비회사　　❸ 레스토랑　　❹ 법률사무소

정답 | ❹ 만델라는 남아프리카 공화국에서 흑인 중 처음으로 법률사무소를 설립했어요.

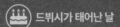

1862년 프랑스 근대
■ 있음
□ 없음
여기쯤

드뷔시가 태어난 날

8월 22일

음악은 너무 아름답지만, 성격은 최악?!

〈월광〉 등 아름다운 음악을 만든 작곡가 클로드 드뷔시는 20세기의 음악에 영향을 미친 대단한 음악가지만, 까다로운 성격으로도 유명했어요.

여러 예술가에게 받은 영향을 음악으로 완성하다

나는 피아니스트기 장래 희망이었지만, 상을 받지 못해서 작곡가가 되었어. 음악가뿐 아니라 시인이나 화가처럼 여러 예술가와 교류하면서 나만의 음악을 완성했지. 까칠한 성격 때문에 인간관계에서 말썽을 일으켜 연인과 친구를 잃기도 했지만, 그래도 괜찮아. 내 음악은 지금도 계속 사랑받고 있으니까.

퀴즈 | 드뷔시가 키우던 동물은?

❶ 말 　　❷ 양 　　❸ 고양이 　　❹ 열대어

정답 | ❸ 사람보다 고양이와 있는 걸 더 좋아했다고 해요. 두 번째로 결혼했을 때는 개를 키웠어요.

1878년

독일

근대

■ 있음
□ 없음

여기풍

독일의 안정과 평화를 위해
다시 일어나자

독일에서 태어난 구스타프 슈트레제만은 정치가가 되어
패배한 독일을 다시 힘 있는 나라로 되돌리려고 노력했어요.

노벨평화상을 받은 독일의 수상

20세기 초에 활약한 독일의 정치가 구스타프 슈트레제만은 제1차 세계대전에서
독일이 패배한 뒤 독일 인민당이라는 정당을 만들어 1923년에 수상이 되었어요.
독일은 전쟁에서 져서 통화가 불안정해진 탓에 국민들이 힘겨운 생활을 이어나가
고 있었어요. 슈트레제만은 경제를 바로잡기 위해서 노력했고, 나중에는 외무대신
으로 활약하며 1926년에 노벨평화상을 받았어요.

★★★
퀴즈 지금 사용되는 유럽연합의 통화 단위는?

❶ 유로   ❷ 엔   ❸ 달러   ❹ 마르크

정답 | ❶ 독일, 프랑스 등 유럽연합 회원국의 통화 단위는 유로예요.

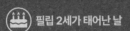

1165년

프랑스

중세

여기쯤

■ 있음
☐ 없음

프랑스를 강한 나라로
만든 위대한 왕

필립 2세는 프랑스를 성장시킨 위대한 왕으로 존경받아서
'존엄왕'이라고 불렸어요. 그는 영국 국왕 리처드 1세와 십자군에 참가했지만,
그 후 리처드 1세와 전쟁을 했어요.

영국과
싸울 거야!

왜 그래...
우리
십자군으로
함께
싸웠잖아.

프랑스 전국 지배를 위한
첫걸음

나는 프랑스의 국왕 필립 2세야. 당시 프랑스는 국내에 영국 땅이 있을 만큼 강한 존재가 아니었어. 하지만 나는 영국과 싸우고, 프랑스 안에 있는 영국 땅을 대부분 차지해서 프랑스 땅으로 만들었지. 프랑스 전 지역을 지배하기 위한 첫걸음을 내디뎠다고나 할까.

★★★
퀴즈 | 십자군의 목적은?

❶ 보석　　　❷ 성지　　　❸ 서적　　　❹ 석유

정답 | ❷ 기독교의 성지 예루살렘을 이슬람교에서 되찾는 것이 목적이었어요.

달리가 태어난 날

5월 11일

1904년 ──── 현대

스페인

■ 있음
□ 없음

여기쯤

상식에 얽매이지 않는 스페인의 천재 화가

달리는 스페인이 낳은 20세기 대표 화가예요. 프랑스의 파리를 중심으로 활동했고, 초현실주의 기법으로 그림을 그렸어요.

현실이 아닌 자유로운 상상 세계를 그림으로 그렸어.

피카소가 추천한 달리

나는 화가 살바도르 달리야. 뽕 하고 올라간 수염이 트레이드마크지. 내 개인전을 보러 온 피카소가 추천해 준 덕분에 파리에서 활동했어. 현실에서는 볼 수 없는 꿈이나 마음속 감정을 그림으로 그리는 '초현실주의'라는 화풍으로 20세기를 대표하는 화가가 되었지. 첫 개인전은 29살 뉴욕에서 열었고, 큰 칭찬을 받아 미국과 유럽에서도 활약했어.

퀴즈

스르르 녹고 있는 시계를 그린 달리의 대표작은?

❶ 〈모나리자〉   ❷ 〈게르니카〉   ❸ 〈기억의 고집〉   ❹ 〈야경〉

정답 Ⅰ ❸ 〈기억의 고집〉은 달리의 초기 대표작 중 하나예요.

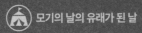 모기의 날의 유래가 된 날

8월 20일

1897년
영국
근대

■ 있음
□ 없음

여기쯤

모기가 병을 옮기는 무서운 벌레였다니

말라리아라는 질병은 모기가 사람에게 옮긴다는 사실이 밝혀졌어요.
말라리아 원충이라는 기생충이 모기 몸속에 있으면 말라리아를 옮기게 돼요.

네놈이 말라리아를 옮기는 범인이었구나!

1년에 약 40만 명이나 사망하는 무서운 병

이날 영국의 세균학자 로널드 로스는 모기의 위장 속에서 말라리아 원충이라는 기생충을 발견했어요. 그리고 말라리아 원충을 가진 모기가 인간을 물면 말라리아가 옮는다는 사실을 알아냈어요. 어떤 나라에서는 지금도 1년에 40만 명이나 되는 사람이 말라리아 때문에 생명을 잃어요. 무시무시한 질병을 옮기는 모기를 조심하자는 뜻으로 영국에서 8월 20일을 '모기의 날'로 정했어요.

 퀴즈 ★★★ **인간을 가장 많이 죽이는 생물은?**

❶ 사자　　　❷ 상어　　　❸ 인간　　　❹ 모기

정답 I ❹ 모기는 말라리아 이외에 다른 질병도 옮겨서 1년에 약 72만 명의 목숨을 앗아간다고 해요.

👑 나이팅게일이 태어난 날

5월 12일

1820년

영국

근대

■ 있음
□ 없음

여기쯤

간호의 날!
백의의 천사를 기억하자

플로렌스 나이팅게일은 수많은 훌륭한 활동을 인정받아 영국의 훈장 중에서 가장 대단한 상을 받았어요. 그녀가 태어난 날을 기념하며 '간호의 날'이 생겼어요.

3가지 다른 그림을 찾아라!

다른 사람에게 도움을 주고 싶어요

나이팅게일은 영국의 간호사이면서 세계에서 처음으로 간호학교를 만들고, 의료 제도를 크게 바꾸는 데에 큰 역할을 했어요. 특히 크림 전쟁에서의 활약이 유명한데, 나이팅게일 덕분에 전쟁 사망자가 많이 줄었다고 해요. 당시 간호사는 지위가 높은 사람이 종사하는 직업이 아니라고 여겨졌어요. 유복한 가정에서 자란 나이팅게일은 부모님의 반대를 무릅쓰고 간호사가 되었어요.

정답 | ❶ 간호사 모자 ❷ 손에 든 등불 ❸ 왼쪽 표시

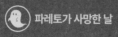

파레토가 사망한 날

8월 19일

1923년
이탈리아 ｜ 현대

여기쯤

■ 있음
□ 없음

회사의 업무는
20%의 직원이 다 한다?!

경제학자 빌프레도 파레토는 '파레토의 법칙'을 만들었어요.
이 법칙은 지금도 세계적으로 사용되고 있어요.

이것이 파레토의
법칙이다!

우와~

와~

성실히 일하는 건
20%인 우리뿐이야.

비난받기도 했던 파레토의 법칙

이탈리아의 경제학자 파레토가 생각한 '파레토의 법칙'은 지금도 다양한 곳에서 효율을 따질 때 적용되고 있어요. 예를 들면 '회사 업무의 80%는 20%의 사원이 다 한다', '상품 매출의 80%는 20%의 손님이 지불한 돈이다'가 파레토의 법칙을 표현한 경우로 볼 수 있어요. 이 경제 법칙은 '사회의 일부 엘리트만 중요하다'는 것이냐며 비난받기도 했어요.

파레토가 대학 졸업 후에 일했던 회사는?

❶ 철도회사　　❷ 약품회사　　❸ 신문사　　❹ 영화회사

정답 ┃ ❶ 파레토는 대학에서 수학, 물리학 등을 배우고, 철도회사에서 엔지니어로 일했어요.

영국의 배가 호주로 출발한 날

5월 13일

1787년
호주
근대
■ 있음
□ 없음
여기쯤

죄인들이라고?!
영국은 안돼, 호주로 보내!

죄인들을 추방할 곳을 호주에 건설하기 위해
필립 선장의 배가 영국 포츠머스 항구에서 출발했어요.

**11척의 배를 끌고
호주로 떠났어요.**

죄인들을 태우고 호주를 향해 출발

영국은 멀리 떨어진 호주의 동해안에 범죄자들을 추방할 곳을 만들기로 했어요.
호주 뉴사우스웨일스의 총독으로 임명된 아서 필립은 1,500명 정도의 사람을 태
운 11척의 배를 이끌고 이날 영국의 포츠머스 항구에서 출발했어요. 배에는 약
780명의 죄인이 타고 있었어요. 8개월 후인 1788년 1월, 최초의 배가 호주 대륙
에 도착했어요.

퀴즈 호주의 수도는?
❶ 런던 　　　　❷ 뉴욕 　　　　❸ 캔버라 　　　　❹ 파리

정답 | ❸ 필립 선장과 일행이 도착한 시드니의 남서쪽 280킬로미터에 있어요.

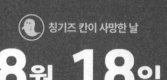

칭기즈 칸이 사망한 날
8월 18일

1227년
몽골 제국
중세

☐ 있음
■ 없음

여기쯤

유목민의 리더가 되어
최강의 제국 완성하다

몽골 유목민을 통일하고, 몽골 제국을 세운 칭기즈 칸은 몽골 제국을
세계에서 가장 거대한 영토를 가진 나라로 성장시켰어요.

말에 타면
무적이다!

다그닥

다그닥

수많은 적수를 꺾고 왕이 된 칭기스 칸

내 이름은 칭기즈 칸, 유목민 부족장의 아들로 태어났어. 여러 부족을 이겨서 유목민 전체의 대장이 되었지. 몽골 제국의 왕으로 뽑힌 나는 중국과 서아시아까지 나라를 넓혔어. 몽골군이 강인한 비결은 빠른 속도로 멀리까지 이동할 수 있는 말을 탄 기마군이야. 내가 죽은 뒤에도 몽골 제국은 동남아시아와 동유럽까지 뻗어나갔어.

퀴즈
칭기즈 칸의 '칸'은 어떤 의미일까?
❶ 남자　　　❷ 말　　　❸ 왕　　　❹ 칼

정답 | ❸ 칭기즈 칸은 사냥 중에 말에서 떨어져 크게 다쳤는데, 결국 사망했어요.

🏛 종두의 날의 유래가 된 날

5월 14일

1796년

영국   근대

여기쯤

■ 있음
□ 없음

악마의 질병, 천연두
세계 최초로 예방 접종하다

'악마의 질병'이라고 불리며 두려움의 대상이었던 천연두를
영국의 의사 제너가 이날 최초로 종두 접종(천연두 예방접종)을 실시했어요.

다른 병의 균을 주사하면 천연두에 잘 걸리지 않는다?!

천연두는 무서운 질병이에요. 걸리면 고열을 앓고 몸에 오돌토돌한 종기가 잔뜩
생겨서 고통 속에 죽게 되지요. 유럽에서는 해마다 수십만 명이 천연두로 죽었어요.
에드워드 제너는 우두에 걸린 사람은 천연두에 걸리지 않는다는 사실을 알아채고,
우두 환자의 고름을 8살의 남자아이에게 접종했어요. 그러자 천연두에 걸려도 금
방 나았어요.

퀴즈 천연두의 예방에 크게 공헌한 제너는 뭐라고 불릴까?

❶ 근대 회화의 아버지　　　　❷ 근대 음악의 아버지
❸ 근대 과학의 아버지　　　　❹ 근대 면역학의 아버지

정답 | ❹ 의학 이외에도 박물학자로서도 유명해요.

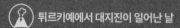

튀르키예에서 대지진이 일어난 날

8월 17일

1999년
튀르키예
현대
여기쯤
■ 있음
□ 없음

규모 7.4의 대지진으로
큰 피해를 본 도시

튀르키예 북서부에서 큰 지진이 일어났어요. 많은 사람이
살던 지역이라서 4만 명이 넘는 사람들이 피해를 보았어요.

전 세계가 도움의 손길을 내밀다

이날 오전 3시, 튀르키예의 북서부에서 지진이 일어났어요. 지진의 규모는 진도
7.4! 진원지인 이즈미드시는 튀르키예의 전세 국민 약 6,000만 명 중 약 50만 명
이 사는 공업 도시로 사망자와 부상자를 합쳐 4만 명 이상이 피해를 보았어요. 이
때 세계 여러 나라가 원조의 손길을 내밀었어요.

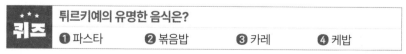

퀴즈 ★★★ **튀르키예의 유명한 음식은?**

❶ 파스타　　❷ 볶음밥　　❸ 카레　　❹ 케밥

정답 | ❹ 튀르키예 요리는 세계 3대 요리 중 하나로 꼽힐 정도로 맛있어요. 그중에서도 케밥이라는 요리가 유명해요.

〈풀밭 위의 점심식사〉를 발표한 날

5월 15일

1863년
프랑스
근대

여기쯤

■ 있음
□ 없음

내 그림을 탈락시켰다고?!
그렇다면 직접 하겠어

미술 아카데미의 인정을 받지 못해서 전람회에 출전할 수 없게 된 마네와
친구들은 '낙선전'이라는 전시회를 열어서 〈풀밭 위의 점심식사〉를 발표했어요.

혹평을 이겨낸 마네

나는 에두아르 마네야. '근대 회화의 아버지'라고 불리는 프랑스의 화가지. 내가 그
린 〈풀밭 위의 점심식사〉는 '벌거벗은 여성을 그려서 부도덕하다'라는 이유로 살롱
전에서 떨어졌어. 그래서 이날 '낙선전'이라는 대항 전시회를 열어서 작품을 발표
해 버렸지. 처음에는 비평가들에게 혹평받았지만 결국 인상파로 인정받았어.

1863년의 낙선전을 기획한 프랑스 황제는?

❶ 나폴레옹 3세   ❷ 쿠푸 왕   ❸ 진시황제   ❹ 알렉산드로스 대왕

정답 | ❶ 미술 아카데미가 응모한 작품의 60% 이상을 떨어뜨려서 심사에 불만이 터져 나왔어요.

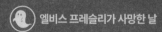

8월 16일

킹 오브 로큰롤!
가장 많이 팔린 솔로 아티스트

엘비스 프레슬리의 활약은 나중에 데뷔한 세계적인
아티스트 더 비틀스 등에게도 큰 영향을 주었어요.

전 세계의 마음을 사로잡은 슈퍼스타

엘비스 프레슬리는 미국 출신의 음악가예요. '킹 오브 로큰롤'이라고 불리며, 음반을 6억 장 이상 판매한 초대형 아티스트였어요. 엘비스는 이름이 알려지면서 영화에 출연하는 등 활동 분야를 넓혔어요. 30편이 넘는 영화에 출연해 많은 사람에게 영향을 주었지요. 나날이 인기가 높아지던 그는 이날 갑자기 세상을 떠나고 말았어요. 엘비스의 사망 이유가 비만과 불법 약물이라는 등 여러 소문이 있었지만, 진짜 원인은 많은 양의 수면제를 한꺼번에 먹었기 때문이라고 전해져요.

 퀴즈 엘비스의 영향으로 젊은이들 사이에서 크게 유행한 헤어스타일은?

❶ 테크노 커트   ❷ 리젠트   ❸ 투 블록

정답 | ❷ 앞머리를 높게 올리고, 뒷머리는 뒤로 붙인 덕테일이라는 헤어스타일이에요.

🎂 알브레히트가 태어난 날

5월 16일

1490년
프로이센 공국

근세

여기쯤

□ 있음
■ 없음

프로이센을 성장시킨
독일 기사단의 총장

독일 기사단의 총장이었던 알브레히트는 1525년 폴란드 왕에게 인정받아 초대 프로이센 공작이 되어 프로이센 공국을 다스렸어요.

> 내가 초대 프로이센 공작이 된 덕분에 프로이센 공국이 태어난거야.

독일 제국 수립의 시작점

브란덴부르크-안스바흐의 알브레히트 폰 프로이센은 독일 기사단의 총장이었는데, 독립 국가로서 프로이센 공국을 다스리게 되었어요. 여러 번의 전투에서 승리하고, 대국의 편에 서서 도운 대가로 프로이센을 공국의 수준을 끌어올리는 등 영토를 넓혀갔어요. 프로이센 공국은 먼 훗날 독일이라는 더욱 큰 나라로 발전할 때 중심이 되었답니다.

퀴즈 19~20세기 프로이센 국왕이 황제가 된 독일의 수도는?

❶ 베를린　　　❷ 워싱턴　　　❸ 암스테르담　　　❹ 로마

정답 | ❶ 현재의 독일에서도 수도는 변함없이 베를린이에요.

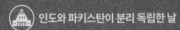

8월 15일

1947년 ——— 현대

인도

■ 있음
□ 없음

여기쯤

겨우 독립했는데
2개의 나라로 갈라지다니

영국의 지배를 받던 인도는 마침내 독립했어요.
하지만 종교의 차이로 인도와 파키스탄이라는 두 나라로 갈라지고 말았어요.

힌두교 vs. 이슬람교

인도는 계속 영국의 식민지로 지배받고 있었어요. 영국에 저항하는 움직임은 있었지만, 제1차 세계대전 후에야 독립운동이 더욱 거세게 펼쳐졌어요. 그리고 마침내 1947년에 독립했지요. 그때 힌두교도의 나라인 인도와 이슬람교도의 나라인 파키스탄으로 갈라지게 되었어요. 그 이후로 인도와 파키스탄은 자주 대립하고 있어요.

 퀴즈 **파키스탄이 또 나뉘어 생긴 나라는?**
❶ 스리랑카　　❷ 네팔　　❸ 이란　　❹ 방글라데시

정답 | ❹ 방글라데시는 원래 파키스탄의 일부였어요.

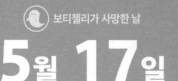 보티첼리가 사망한 날

5월 17일

1510년 ──────
이탈리아 근세

여기쯤

■ 있음
□ 없음

르네상스를 대표하는
화가의 마지막

〈봄〉, 〈비너스의 탄생〉과 같은 명화를 남긴 화가 산드로 보티첼리는 르네상스를 대표하는 많은 작품을 그렸어요. 이날은 그의 마지막 날이에요.

이번에는 누구의 얼굴을 그려볼까~

이번엔 날 그려줘.

주문이 쏟아지는 인기 화가 보티첼리

나는 보티첼리야. 르네상스*가 꽃을 피운 시대에 활약한 화가지. 보티첼리는 본명이 아니고, 형의 별명이었어. 이 무렵 이탈리아 피렌체에는 예술가가 많았는데, 나는 메디치라는 귀족 가문의 후원을 받아 작품 활동을 했어. 그래서 메디치 가문 사람들을 그림에 등장시키기도 했어.

* 그리스·로마의 고전 문화를 부활시키려는 운동을 말해요.

★★★
퀴즈 보티첼리는 무슨 뜻일까?
❶ 작은 술통　❷ 작은 사자　❸ 작은 집　❹ 작은 기관차

정답 | ❶ 보티첼리의 형은 체격이 좋았기 때문에 '작은 술통'이라고 불렸어요.

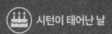

👑 시턴이 태어난 날

8월 14일

1860년
영국
근대

여기쯤

■ 있음
□ 없음

동물 이야기로
베스트셀러 작가가 된 시턴

여러 동물의 이야기를 다룬 《시턴 동물기》로 유명한
어니스트 톰슨 시턴은 작가이면서 화가였고, 박물학자이기도 했어요.

아우~

강하고 현명한 로보는
긍지 높은 늑대였어.

동물과 자연의 위대함을 일깨우다

나는 작가이자 화가이자 박물학자인 시턴이야. 영국에서 태어나서 캐나다에서 자
랐어. 나는 동물 이야기를 담은 《시턴 동물기》를 썼는데, 그중에서 '늑대왕 로보'는
로보라는 이름의 늑대를 아내인 암컷 늑대로 꾀어내서 붙잡았는데, 그때 늑대의
긍지 높은 모습에 감동해서 그 경험을 바탕으로 쓴 이야기야. 동물과 자연의 위대
함을 알아주길 바라는 마음으로 이야기를 썼지.

★★★
퀴즈 '로보'는 어떤 뜻일까?

❶ 로봇   ❷ 왕   ❸ 전사   ❹ 늑대

정답 | ❹ 스페인어로 늑대라는 뜻이에요.

헤이그 평화 회의가 열린 날
5월 18일

1899년
네덜란드
근대

■ 있음
□ 없음

여기쯤

네덜란드 헤이그에서
평화를 외치다

이날 세계의 전쟁과 크고 작은 분쟁을 해결할 목적으로
러시아 황제의 요청에 따라 네덜란드에서 제1회 만국 평화 회의가 열렸어요.

제1회 만국 평화 회의

이날 러시아 제국의 황제 니콜라이 2세의 요청으로 세계에서 일어나는 분쟁의 평화적인 해결과 군비 감축을 목적으로 제1회 만국 평화 회의가 열렸어요. 네덜란드의 헤이그에서 모였기 때문에 '헤이그 평화 회의'라고도 불려요. 이 회의에서 전쟁 방법을 제한하는 국제법이 생겼어요. 제2회 회의는 1907년에 열렸어요.

★★★
퀴즈 | 제1회 헤이그 평화 회의에서 전쟁에 사용 금지된 병기는?
❶ 비행기   ❷ 독가스   ❸ 드론   ❹ 로봇

정답 | ❷ 독가스 이외에도 덤덤탄이라는 탄환도 금지되었어요.

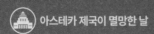 아스테카 제국이 멸망한 날

8월 13일

1521년

아스테카 제국

근세

□ 있음
■ 없음

여기쯤

모두가 적으로 돌아서서 나라가 없어지고 말았어

아스테카 제국은 고도의 문명을 꽃피웠지만,
스페인의 침략에 무너져 멸망하고 말았어요.

정복해 주마!

으윽...

멕시코를 중심으로 번성했던 아스테카 제국

14세기 무렵 지금의 멕시코 주변을 중심으로 아스테카 제국이라는 나라가 발전했어요. 아스테카 문명이라는 높은 수준의 문명을 떨쳤고, 15세기에는 멕시코 고원 일대를 전부 지배할 정도의 힘을 갖고 있었어요. 그런데 스페인 탐험가인 에르난 코르테스가 군대와 함께 나타난 거예요. 16세기에 코르테스는 아스테카 제국의 주변 나라들을 모두 자기편으로 끌어들여서 아스테카 제국은 멸망하고 말았어요.

 퀴즈 ★★★ **아스테카 제국이 패배한 이유 중 하나는?**

❶ 질병　　　❷ 음식　　　❸ 태풍　　　❹ 지진

정답 | ❶ 유럽인에 의해 천연두를 비롯한 전염병이 아스테카 제국에 퍼졌어요.

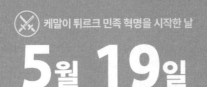
케말이 튀르크 민족 혁명을 시작한 날

5월 19일

1919년
오스만 제국 현대

있음
■ 없음

여기쯤

튀르크인의 아버지, 독립 전쟁을 시작하다

터키 공화국의 초대 대통령이 된 무스타파 케말은 '튀르크인의 아버지'라고 불려요.
이날 사무슨이라는 마을에 상륙해서 튀르크 민족 혁명을 시작했어요.

오스만 제국에는 미래가 없다!
조국의 독립을 위해 싸우겠어!

사무슨에서 시작된 독립 국가의 꿈

19세기 초, 오스만 제국은 유럽 각국에 영토를 빼앗겨 힘이 약해져 있었어요. 오스만 제국의 군인 무스타파 케말은 튀르크 민족을 구하려면 독립 국가를 세워야 한다고 생각했어요. 배를 타고 이스탄불을 출항한 케말은 도중에 폭풍을 만나, 이날 흑해 해안가의 사무슨이라는 마을에 상륙했어요. 그 후 유럽의 제국들을 상대하며 튀르크 민족의 독립 전쟁을 시작했어요.

퀴즈 현재 튀르키예의 수도는?

❶ 아크라　　❷ 쿠알라룸푸르　　❸ 앙카라　　❹ 카트만두

정답 | ❸ 오스만 제국 시기에는 콘스탄티노플(지금의 이스탄불)이 수도였어요.

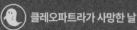 클레오파트라가 사망한 날

8월 12일

기원전 30년

이집트

고대

■ 있음
□ 없음

여기쯤

지성과 미모로 역사에 이름을 남기다

클레오파트라는 똑똑했고, 어학 능력도 뛰어났어요.
여러 외국어를 할 줄 알아서 외교에도 능수능란했어요.

쫠라 쫠라

외국어도 잘하고 너무 멋지다!

아름답고 현명한 여왕님!

강적 로마와 동맹을 맺어 이집트를 지키자

나는 절세 미녀로 찬양받은 이집트의 여왕 클레오파트라야. 지중해의 많은 나라가 로마의 지배를 받았지만, 나는 연인이었던 고대 로마 제국의 카이사르와 안토니우스의 힘을 빌려서 이집트의 독립을 지켰어. 하지만 사랑하는 안토니우스가 죽었을 때 슬픔을 견디지 못하고 목숨을 끊고 말았어.

★★★
퀴즈 클레오파트라가 좋아했던 음식으로 전해지는 것은?

❶ 고추　　　❷ 감자　　　❸ 토마토　　　❹ 멜로키아

정답 | ❹ 멜로키아 외에 식초나 올리브오일, 참기름도 좋아했다고 해요.

5월 20일

독일·오스트리아·이탈리아
서로 도와주기로 약속!

보불전쟁(프로이센왕국과 프랑스의 전쟁)에서 프랑스를 이긴 독일은
프랑스에 대항하기 위해 오스트리아·이탈리아를 동료로 삼아 삼국동맹을 결성했어요.

독일의 주도로 결성된 삼국동맹

1871년 보불전쟁에서 프랑스를 이겨서 국내 통일을 완성하고 제국을 성립한 독
일은 프랑스의 앙갚음을 두려워했어요. 그래서 이날 독일의 재상 비스마르크의 주
도로 독일과 오스트리아, 프랑스와 사이가 나쁜 이탈리아가 손을 잡고 삼국동맹을
결성했어요. 만약 독일이 프랑스에게 공격받으면 다른 두 나라가 독일을 돕기로
하는 등의 약속을 교환했어요.

퀴즈 1873년에 독일, 오스트리아와 삼제동맹을 결성한 나라는?
① 일본　　　② 영국　　　③ 프랑스　　　④ 러시아

정답 | ④ 오스트리아와 러시아가 발칸반도에서 분쟁을 일으켜서 결국 동맹은 깨졌어요.

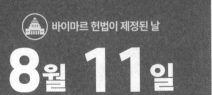
바이마르 헌법이 제정된 날

8월 11일

1919년 ──── 현대
독일
■ 있음
□ 없음
여기쯤

보통선거,
인권을 중요시한 헌법

지금의 독일은 제1차 세계대전에서 패한 뒤 공화제 국가로 바뀌었고, 바이마르 헌법이 만들어졌어요. 민주적인 나라로 한 걸음 나아간 내용의 헌법이었어요.

바이마르 헌법을 제정했습니다!

14년 뒤에 내가 쓸모없게 만들어 버렸지.

민주적이었지만 결국 히틀러의 손에 사라지다

제1차 세계대전에서 진 독일은 바이마르 공화국으로 나라 이름이 바뀌었어요. 바이미르 공화국에시 민든 깃이 바로 바이마르 헌법이에요. 바이마르 헌법에는 국민 주권(정치 결정권의 주인은 국민), 남녀평등의 보통선거, 생존권(누구나 건강하게 인간 다운 생활을 할 권리) 등이 정해졌어요. 세계에서 가장 민주적인 헌법으로 인정받았 고 다른 나라에도 영향을 주었지만, 히틀러가 없애 버렸어요.

퀴즈 **'바이마르'는 무엇을 의미할까?**
❶ 옛날 장군의 이름   ❷ 신의 이름   ❸ 사자   ❹ 도시 이름

정답 | ❹ 헌법 제정 회의가 열린 장소가 바이마르였어요.

🎂 뒤러가 태어난 날

5월 21일

1471년
신성 로마 제국 　　근세

　□ 있음
　■ 없음
여기쯤

북방 르네상스를 대표하는 화가

북유럽에서 일어난 르네상스 운동인 북방 르네상스를 대표하는 알브레히트 뒤러는 이날 독일 남부의 뉘른베르크에서 태어났어요. 그는 수학자이기도 했어요.

이탈리아 르네상스에서 배운 것을 독일에서 살려봤어.

재능을 갈고닦기 위해 유학을 떠나다

나는 뒤러야. 북방 르네상스에서 가장 중요한 화가 중 하나로 유명하지. 이탈리아에서 르네상스 미술을 배운 나는 〈성모의 일곱까지 슬픔〉, 〈동방 삼박사의 예배〉라는 대표작을 그렸어. 회화뿐만 아니라 목판화나 조각 분야에서도 대단한 작품을 제작했지.

★★★
퀴즈 뒤러의 아버지는 무슨 직업을 가졌을까?

❶ 금은세공　　❷ 건축　　❸ 정원손질　　❹ 가구

정답 | ❶ 뒤러는 아버지의 공방에서도 3년간 수업을 받았어요.

🔍 8월 10일 사건이 일어난 날

8월 10일

1792년
프랑스
근대
■ 있음
□ 없음
여기쯤

혁명을 방해하면
왕도 용서하지 않겠어

프랑스 혁명 후 파리 시민들이 국왕이 사는 궁전을 습격해서
국왕과 왕비를 붙잡았어요. 이 사건으로 왕에 의한 정치는 끝을 맺었어요.

왕의 정치는 이제 끝이다!

시민들의 분노로 막을 내린 왕의 정치

1789년에 프랑스 혁명이 일어나자, 주변 나라들은 자기 나라에서도 혁명이 일어
날끼 두려워서 프랑스에 강힌 압력을 넣었어요. 프랑스는 주저하시 않고 오스트리
아와 프로이센과 싸웠지만, 프랑스 왕실이 적대 관계에 있는 나라에 정보를 흘렸
어요. 이 사실에 분노한 파리 시민과 전투에 참여한 시민이 궁전으로 몰려가서 국
왕 루이 16세와 왕비 마리 앙투아네트를 붙잡았어요. 이 사건으로 왕에 의한 정치
는 막을 내렸어요.

8월 10일 사건이 일어났을 때 궁전을 지키던 사람은?

❶ 스위스인　　❷ 영국인　　❸ 중국인　　❹ 이집트인

정답 | ❶ 스위스 용병 부대가 돈을 받고 고용되어 궁전을 지키고 있었어요.

위고가 사망한 날

5월 22일

1885년
프랑스   근대

■ 있음
□ 없음

여기쯤

《레 미제라블》를 쓴
낭만주의 작가

《레 미제라블》,《노트르담 드 파리》의 작가 빅토르 위고는
수많은 명작을 남기고 1885년 이날 파리에서 사망했어요.

나폴레옹 3세의 제정에 반발해서
18년이나 프랑스를 떠나있었어.

메롱

지금까지도 사랑받는 위고의 작품들

빅토르 위고는 명작 《레 미제라블》,《노트르담 드 파리》로 유명한 프랑스의 작가
예요. 나폴레옹 3세를 비판한 죄로 오랫동안 프랑스를 떠나있었어요. 빵 한 개를
훔친 죄로 19년이나 감옥살이를 하게 된 장 발장의 고난을 그린 소설 《레 미제라
블》이 매우 좋은 평가를 받았어요. 레 미제라블은 '비참한 사람들'이라는 의미예요.
지금도 연극이나 영화로 제작되고 있어요.

퀴즈 《레 미제라블》의 장 발장이 신부에게서 훔친 것은?
❶ 꽃병   ❷ 갑옷   ❸ 은식기   ❹ 금 방망이(밀대)

정답 | ❸ 도둑질을 들켰을 때 신부가 감싸주었고, 인간을 믿지 못했던 장 발장은 감동하여 죄를 뉘우쳐요.

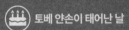

핀란드에서 태어난 세계적인 캐릭터 무민

세계적으로 인기가 높은 캐릭터 '무민'의 저자 토베 얀손은 핀란드에서 태어난 작가이자 화가예요. 얀손은 '무민'을 소설, 그림책, 만화 등 다양한 형태로 작품화했어요. 신문에 연재하기도 했고요.

무민은 전 세계에서 사랑받았어.

예술가의 피를 이어받은 얀손

내 이름은 토베 얀손이야. 핀란드의 작가이자 화가지. 아버지는 조각가이고, 어머니가 화가여서 어릴 때부터 예술가가 되고 싶었어. 15살 무렵에 전문 일러스트레이터로 데뷔했지. 내가 1945년부터 25년 동안 그린 〈무민〉 시리즈는 세계적으로 사랑받았어.

 퀴즈 〈무민〉의 주인공인 무민들이 사는 곳은?

❶ 동물원　　　❷ 바다　　　❸ 사람의 마을　　　❹ 계곡

정답 | ❹ '무민의 계곡'이라는 신비로운 동물들이 사는 계곡에 살아요.

키드가 처형된 날
5월 23일

1701년
영국
근대

여기쯤
■ 있음
□ 없음

대해적 캡틴 키드도 이제 끝이라니

전설의 해적 캡틴 키드로 불리는 윌리엄 키드는 체포된 후
영국으로 송환되어 처형되고 말았어요.

내가 죽으면 숨겨둔
금은보화를 찾을 수 있을까?

싱긋...

키드가 숨겨둔 보물은 어디에 있을까?

나는 캡틴 키드라고 불리는 윌리엄 키드야. 영국 정부의 명령으로 프랑스 배를 덮치다가 진짜 해적이 되어버렸지. 그러던 어느 날 영국인 선장의 배를 공격했다가 체포되었고, 영국에서 사형 판결을 받아 처형되고 말았어. 배를 덮쳐 빼앗은 재산을 꽁꽁 숨겨두었는데, 지금도 이 보물을 추적하는 사람이 있다고 하네.

퀴즈 | 키드가 탔던 배의 이름은?
❶ 마하 호   ❷ 요시츠네 호   ❸ 검은 수염 호   ❹ 어드벤처 갤리 호

정답 | ❹ 어드벤처 갤리 호는 34개의 대포를 갖고 있었고, 150명의 선원을 태울 수 있는 배였어요. '모험 호'라는 뜻이에요.

아세안이 설립된 날

8월 8일

1967년
동남아시아의 여러 나라 | 현대

■ 있음
□ 없음

여기쯤

평화와 경제 성장을 위해
다 함께 힘내자

아세안(ASEAN)은 평화와 경제뿐 아니라 문화 발전도 목표 중 하나예요.
해마다 각 나라의 정상들이 모여 '서밋'이라는 회의를 열고 정책 토론을 해요.

백지장도 맞들면 낫다

이날 지역 평화와 안정된 경제 성장을 위해 동남아시아 나라끼리 협력하는 것을
목적으로 '아세안(동남아시아국가연합)'이 설립되었어요. 당시 아세안에 참가한 나
라는 타이, 인도네시아, 필리핀, 싱가포르, 말레이시아 총 5개국이었는데, 1999
년에는 동남아시아의 모든 나라가 참가했다고 해요. 한국과 일본, 중국은 아세안
과 개별적으로 자유롭게 무역하기로 약속했어요.

퀴즈

마지막으로 아세안에 참가한 나라는?

❶ 미얀마　　　　❷ 캄보디아　　　　❸ 베트남

정답 | ❷ 현재 아세안에는 동남아시아 10개국이 모두 참가하고 있어요.

5월 24일

뚜-, 뚜뚜!
모스 부호의 탄생

전신기를 발명한 모스는 짧은 신호(점)와 긴 신호(줄)로 문자와 숫자를 표현하는
모스 부호를 통해 워싱턴에서 볼티모어까지 최초의 전신을 보냈어요.

세계 최초로 전신 보내기 성공

1830년대에 전신기를 개발한 새뮤얼 모스는 전신을 실용화하기 위해서 미국 의
회의 보조금을 받아 워싱턴과 볼티모어 사이에 전신선을 설치했어요. 이날 워싱턴
에 있던 모스는 볼티모어에 있던 동업자 베일에게 세계에서 처음으로 전신을 보내
는 데에 성공했어요. 모스가 보낸 내용은 '하느님이 무엇을 하셨는가?'였어요. 이
성공으로 전신 산업은 크게 발전했어요.

퀴즈 우리나라는 언제부터 모스 부호를 사용했을까?

❶ 1878년 ❷ 1884년 ❸ 1888년 ❹ 1892년

정답 | ❸ 고종의 명령으로 김학우가 일본에서 전신기술을 배워왔어요.

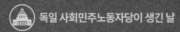

독일 사회민주노동자당이 생긴 날

8월 7일

1869년 독일 근대
■ 있음 □ 없음
여기쯤

우리는 노동자를 위한 정당입니다

공산주의(사회주의) 사상이 세상에 자리 잡으면서
독일에서는 독일사회민주노동자당이라는 정당이 만들어졌어요.

법으로 활동을 금지하다

마르크스와 엥겔스라는 학자가 《공산당 선언》이라는 책을 발표해서 공산주의가 세상에 널리 알려졌어요. 그 후 독일사회민주노동지당이 결성되었지요. 1878년에는 사회주의 활동을 금지하는 법률이 생겼고, 관련 활동은 모두 불법이 되었어요. 이후 그 법률이 사라져서 활동을 허가받은 뒤에는 독일사회민주당으로 이름을 바꿨어요. 1912년에는 독일에서 가장 의석을 많이 가진 정당이 되기도 했어요.

 퀴즈 **독일에서 사회주의 운동을 금지하는 법률을 만든 사람은?**
❶ 무솔리니 ❷ 비스마르크 ❸ 나폴레옹 ❹ 히틀러

정답 | ❷ 독일 재상이었던 비스마르크가 사회주의자 진압법이라는 법률을 만들었어요.

📖 기독교도가 톨레도를 되찾은 날

5월 25일

1085년

스페인 · 중세

여기쯤

■ 있음
□ 없음

기독교도의 최종 목표,
톨레도는 우리 거야!

이슬람 왕조가 지배하던 톨레도는 성벽이 마을 주변을 감싸며 보호하는
요새 도시예요. 이날 기독교 국가인 카스티야 왕국군이 톨레도 되찾는 데 성공했어요.

톨레도를 이슬람교도에게서 되찾는 것은 기독교도의 가장 큰 목표였어.

스페인의 중심, 톨레도의 가치

이베리아반도의 중앙에 위치한 요새 도시 톨레도는 원래 기독교 문화가 퍼져있었
지만, 8세기 초반부터는 이슬람 세력의 지배를 받았어요. 기독교도들은 톨레도를
다시 빼앗는 것을 가장 큰 목표로 품게 되었지요. 기독교의 영웅 엘 시드가 공격해
도 쉽지 않았지만, 마침내 이날 엘 시드와 카스티야 왕국군이 이슬람 세력을 몰아
내고 톨레도를 되찾는 데 성공했어요.

★★★
퀴즈 전설의 영웅 엘 시드가 갖고 있던 검은 뭐라고 불릴까?
❶ 쿠사나기의 검   ❷ 엑스칼리버   ❸ 마사무네   ❹ 불꽃의 검(티조나)

정답 | ❹ 스페인의 부르고스 박물관에 전시되어 있어요.

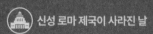

신성 로마 제국이 사라진 날

8월 6일

1806년
신성 로마 제국   근대

□ 있음
■ 없음

여기쯤

이럴 수가,
나라가 통째로 사라지다니

지금의 독일 주변에 신성 로마 제국이라는 나라가 있었는데,
프랑스의 나폴레옹과 맞붙은 전쟁에서 지면서 나라가 통째로 사라져 버렸어요.

844년간의 역사가 막을 내리다

962년에 신성 로마 제국이 생겼어요. 이름은 로마지만, 지금의 독일과 오스트리아 지역에 있던 나라예요. 최초의 황제인 오토 1세는 로마 교황에게서 황제의 왕관을 받았어요. 그때부터 신성 로마 제국이 시작되었어요. 15세기부터는 합스부르크 왕가가 지배했는데, 합스부르크가의 프란츠 2세가 프랑스의 나폴레옹에게 져서 신성 로마 제국의 운명도 끝이 났어요.

신성 로마 제국의 황제에서 내려온 프란츠 2세는 어떻게 되었을까?

❶ 다른 나라의 황제가 되었다   ❷ 사형당했다
❸ 승려가 되었다   ❹ 학자가 되었다

정답 | ❶ 1804년부터 오스트리아 황제를 같이 했는데, 나라는 변함없었어요.

🎂 공쿠르가 태어난 날

5월 26일

1822년
프랑스 　　　　　근대
여기쯤
■ 있음
□ 없음

유럽 예술가들에게
영향을 준 목판화

프랑스의 미술평론가이며 작가이기도 한 에드몽 드 공쿠르는 일본의 전통 목판화인 우키요에를 연구해서 자포니즘(유럽에서 유행한 일본풍 예술)을 널리 퍼뜨렸어요.

목판화는 정말 멋져!

자포니즘의 선구자 공쿠르

에드몽 드 공쿠르는 동생인 쥘과 함께 '공쿠르 형제'의 이름으로 많은 소설과 역사서를 썼어요. 공쿠르는 당시 별로 가치를 인정받지 못하던 목판화의 아름다움을 높이 평가해서 세상에 알렸어요. 이를 소개하는 책 《호쿠사이》, 《우타마로》도 출판해서 프랑스에서 유행하기 시작한 자포니즘의 열기를 북돋웠어요.

퀴즈 '자포니즘'이라는 단어를 처음 사용한 사람은?

❶ 필립 뷔르티 　　　　❷ 빈센트 반 고흐

❸ 에드가르 드가 　　　❹ 알프레드 스테방스

정답 | ❶ 프랑스의 미술평론가이자 수집가예요.

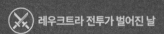

8월 5일

새로운 전투방식이면 스파르타도 이길 수 있어

고대 그리스 중에서 강한 군대로 유명했던 스파르타는
새로운 전술을 도입한 테베에 지고 말았어요.

이것이 사선진이다!

| 먼저 적을 포위한다! | ▶ | 첫 번째 그룹과 협공한다! | ▶ | 적진에 파고든다! | ▶ | 마지막은 우리다! |

천재적인 장군 덕분에 전투에서 승리하다

고대 그리스에는 도시 국가가 몇 개 있었어요. 그중 스파르타와 테베가 싸웠는데, 스파르타는 강한 군대로 유명했어요. 히지만 레우그트라 전투에서 테베의 징군 에 파미논다스가 '사선진'이라는 새로운 전술을 펼쳐서 스파르타를 훌륭하게 격파했 어요. 테베는 이 전투에서 승리하여 이후 10년간 그리스 최고의 도시 국가로 성장 했어요.

퀴즈 그리스의 도시 국가를 뭐라고 부를까?

❶ 버드　　　❷ 밀크　　　❸ 컬러　　　❹ 폴리스

정답 | ❹ 이 폴리스라는 단어에서 폴리스(영어로 경찰)라는 말이 생겨났어요.

🎂 카슨이 태어난 날

5월 27일

1907년
미국
현대
여기쯤
■ 있음
□ 없음

환경 보호의 중요성을 알린
《침묵의 봄》

어릴 때부터 자연과 책을 좋아하고 환경 보호에 몰두한
레이첼 카슨이 이날 태어났어요.

《침묵의 봄》이라는 책을 써서
환경보호의 중요함을 알렸어.

자연과 글쓰기를 좋아한 환경운동의 어머니

나는 레이첼 카슨, 생태학자이자 작가란다. 어린 시절부터 자연과 글쓰기를 좋아
했어. 학자가 된 후 농약을 뿌리면 해충뿐 아니라 벌레나 새처럼 많은 생물의 생명
까지 빼앗는다는 사실을 알게 되었지. 그래서 《침묵의 봄》이라는 책으로 전 세계
사람들에게 환경 보호의 중요성을 주장했어.

퀴즈 레이첼 카슨이 위험하다고 경고한 농약은?
❶ AAT　　　❷ BBT　　　❸ CCT　　　❹ DDT

정답 | ❹ DDT는 강력한 살충제예요. 현재는 제조가 금지되었어요.

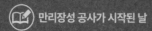 만리장성 공사가 시작된 날

8월 4일

1474년

명

근세

☐ 있음
■ 없음

여기쯤

누구도 들어올 수 없어!
세계에서 가장 거대한 요새

명나라 왕이 만리장성을 더욱 강력하게 만들기 위해
100년 동안 2,700킬로미터나 연장하는 공사를 진행했어요.

100년에 걸쳐 탄생한 최강의 벽

현재 중국의 북경에서 기차를 타고 1시간 정도 달려가면 세계유산으로 등록된 만리장성이 있어요. 중국을 대표하는 관광명소로 만리장성에 오르면 광활한 초원과 사막이 보여요. 옛날 중국의 왕은 자주 침입해 오는 이민족에게서 나라를 지키려고 만리장성을 쌓았대요. 이날은 만리장성을 더욱 견고하게 만들기 위해 벽돌 공사가 시작된 날이에요.

 퀴즈 | 만리장성의 전체 길이는 몇 킬로미터?

❶ 약 3,400킬로미터   ❷ 약 4,500킬로미터   ❸ 약 6,300킬로미터

정답 | ❸ 만리장성은 기원전부터 만들어졌지만, 현재 남아있는 부분은 명나라 시대에 만들어진 것이 대부분이에요.

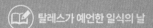

탈레스가 예언한 일식의 날

5월 28일

기원전 585년 ─────
고대 그리스   고대

☐ 있음
■ 없음

여기쯤

고대 그리스에
일식이 일어나다니

탈레스는 기원전 585년 이날에 일식이 일어난다는 사실을 예언했어요.
이 예언은 훌륭하게 적중했어요.

전쟁할 때가
아니야~

으악

예측이 어려웠던 일식을
정확하게 맞춰서
내 이름이 널리 알려졌지.

일식이 일어나는 날을
정확하게 예언하다

나는 탈레스야. 고대 그리스를 대표하는
철학자 중 하나지. 나는 피라미드의 높이
를 계산으로 측정했고, 일식이 일어나는
날을 예언해 정확하게 맞췄어. 대단하지?
그게 아마 이날이었던 걸로 기억해. 이때
리디아국과 메디아국이 전쟁 중이었는데,
일식에 깜짝 놀라 싸움을 멈췄데.

퀴즈 일식은 태양과 지구 사이에 뭐가 끼어들어서 생길까?

❶ 비행기   ❷ 달   ❸ 화성   ❹ 블랙홀

정답 | ❷ 일식은 태양과 지구 사이에 달이 들어와서 일어나요. 태양이 없어진 것처럼 보이거나 반지처럼 보이기도 해요.

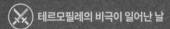
테르모필레의 비극이 일어난 날

8월 3일

기원전 480년
그리스
고대

여기쯤
■ 있음
□ 없음

단 300명으로
20만 명의 병사에 맞서다

스파르타는 그리스의 도시국가 중 하나로 스파르타 병사들은
적은 머릿수로 페르시아의 대군에 맞섰어요.

나라를 위해 용맹하게 싸운 스파르타 병사들

서아시아의 대국이었던 페르시아가 그리스를 공격했어요. 바다 전투(아르테미시온 해전)에서는 서로 힘에 큰 차이가 없었어요. 하지만 육지 전투(테르모필레 전투)에서는 스파르타군이 좁은 길에서 페르시아군을 공격했어요. 스파르타군은 겨우 300명으로 페르시아군 20만 명과 싸웠다고 해요. 스파르타 병사는 용맹하게 3일간 버텼지만, 결국 패배하고 말았어요.

퀴즈 '스파르타'라는 단어는 어떤 의미로 사용될까?

❶ 엄격한 교육　　❷ 무모한 도전　　❸ 용기　　❹ 강한 남자

정답 | ❶ 스파르타에서는 아이들을 병사로 키우기 위해 철저하게 길렀기 때문에 엄격한 교육을 스파르타 교육이라고 불러요.

오스만 제국이 비잔틴 제국을 파괴한 날

5월 29일

1453년
오스만 제국

근세

□ 있음
■ 없음

여기쯤

오스만 제국,
비잔틴 제국을 멸망시키다

이날 비잔틴 제국은 이슬람 세력인 오스만 제국의 공격으로
수도가 무너져 멸망했어요.

오랫동안 번영했던 비잔틴 제국의 마지막

동로마제국은 수도 콘스탄티노플의 옛 이름인 비잔티움을 따서 '비잔틴 제국'이라고도 불렸어요. 비잔틴 제국은 동쪽의 이슬람 세력과 서쪽의 신성 로마 제국과의 전투로 힘이 약해질 대로 약해져 있었어요. 이날 이슬람 세력인 오스만 제국의 메흐메트 2세가 콘스탄티노플에 쳐들어가서, 1,000년이 넘게 존재했던 비잔틴 제국이 무너지고 말았어요.

퀴즈 콘스탄티노플은 지금의 무슨 도시일까?

❶ 로마　　❷ 뉴욕　　❸ 이스탄불　　❹ 런던

정답 | ❸ 콘스탄티노플은 현재 튀르키예의 최대 도시인 이스탄불이에요.

이라크군이 쿠웨이트를 공격한 날

8월 2일

1990년

이라크

현대

여기쯤

■ 있음
□ 없음

쿠웨이트에서 나와!
싫어, 석유는 모두 내 거야

중동의 이라크가 이웃 국가인 쿠웨이트를 공격해서 점령했어요.
국제연합은 이라크에 쿠웨이트에서 나오라고 통보했지만, 이라크는 거부했어요.

쿠웨이트는
원래 이라크
땅이었어.

후퇴 요구를 거부한다면
전쟁이다

이라크를 독재했던 나 사담 후세인 대통
령은 가까운 쿠웨이트를 공격했고, 전국
을 집어삼키려고 힘으로 밀어붙였지. 미
국을 중심으로 뭉친 다국적군이 쿠웨이
트에서 나오라고 했지만, 그런 요구를 따
를 생각은 전혀 없었어. 그래서 다국적군
과 걸프 전쟁을 시작하게 되었고, 이라크
는 패배하고 말았지.

퀴즈 | 걸프 전쟁에서 다국적군의 이라크 공중폭격 작전명은?

❶ 모래의 벽　　❷ 사막의 폭풍　　❸ 돌의 비　　❹ 불꽃 화살

정답 | ❷ 지상전(땅)은 '사막의 검'이라는 작전으로 불렸어요.

잔 다르크가 사망한 날 (율리우스력)

5월 30일

1431년

프랑스

근세

여기쯤

■ 있음
□ 없음

신의 목소리가 들렸다?!
프랑스를 구한 19살 소녀

군대 입대를 바라던 잔느는 머리를 자르고, 남자 옷을 입고, 군인이 되었어요.
프랑스 사람들은 잔느의 각오에 감동했어요.

3가지 다른 그림을 찾아라!

소녀는 민중과 함께 싸웠다

잔느가 살았던 시대의 프랑스는 100년 동안 영국과 전쟁을 벌이고 있었어요. 나라의 이곳저곳에서 마을이 불타는 상황을 본 잔느는 군대에 들어가 용감하게 싸웠어요. 잔느가 구한 마을도 있었어요. 다정했던 잔느는 민중이 보내온 편지에 '반드시 우리가 마을을 지키겠습니다'라고 답장을 썼다고 해요. 하지만 영국이 점령한 파리를 되찾으려고 할 때 적에게 붙잡혀 죽임을 당했대요. 이때 잔느는 고작 19살이었어요.

정답 | ❶ 앞머리 ❷ 손에 들고 있는 물건 ❸ 등 뒤의 동물

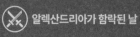 알렉산드리아가 함락된 날

8월 1일

기원전 30년 ──────

로마 제국

고대

여기쯤

☐ 있음
■ 없음

사랑을 위해
목숨까지 바친 안토니우스

로마의 장군 안토니우스는 한때 같은 편이었던 옥타비아누스와 싸웠으나 패배했어요.
안토니우스와 그의 부인인 클레오파트라는 비참한 최후를 맞이하고 말았어요.

클레오파트라가
없는 세상은 살아갈
의미가 없어.

나 아직 살아있어!

나라도 사랑도 모두 잃어버리다

고대 로마의 장군 안토니우스는 이집트 여왕 클레오파트라와 서로 사랑했어요. 그래서 안토니우스는 아내 옥타비아와 헤어졌고, 이로 인해 옥타비아의 동생인 옥타비아누스와 사이가 나빠졌어요. 둘은 바다 위에서 전투를 벌였지만, 안토니우스가 이끌던 군대가 옥타비아누스에게 지고 말았어요. 안토니우스는 알렉산드리아라는 도시로 도망쳤지만, 그곳에서도 패배했어요. 결국 안토니우스는 클레오파트라가 죽었다는 거짓 소식을 듣고 스스로 목숨을 끊었어요.

 퀴즈 살아있던 클레오파트라는 무슨 행동을 했을까?

❶ 싸웠다　　　❷ 도망쳤다　　　❸ 배신했다　　　❹ 자결했다

정답 | ❹ 안토니우스의 죽음을 알고, 독뱀이 자기를 물게 해서 죽었어요(독을 마셨다는 이야기도 있어요).

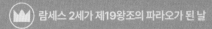

5월 31일

이집트 왕조를
가장 발전시킨 파라오

람세스 2세는 67년간 파라오로서 나라의 가장 높은 자리에 섰어요.
'람세스'는 '태양신 라에 의해 태어났다'라는 뜻의
이집트어 '라 메스 시스'를 그리스어로 읽은 발음에서 온 이름이에요.

람세스 2세는 몸집이 크고 오래 살았대

람세스 2세가 24살 무렵이던 이날, 이집트의 파라오가 되었어요. 파라오는 이집트의 왕이에요. 그는 고대 이집트 왕조에서는 두 번째로 오랫동안 왕의 자리를 지킨 인물로 유명해요. 그 기간은 무려 67년! 당시 이집트의 남성은 40살 정도밖에 살지 못했으니까 람세스 2세는 매우 오래 살았던 거죠. 발견된 그의 미라는 키가 180센티를 넘었고, 체격도 매우 컸다고 해요.

 퀴즈 람세스 2세가 가장 사랑했던 왕비(아내)는?

❶ 토이 ❷ 메리토아몬 ❸ 네페르타리

정답 | ❸ 람세스 2세에게는 네페르타리 이외에 7명의 부인이 있었어요.

8월

1일 　알렉산드리아가 함락된 날
2일 　이라크군이 쿠웨이트를 공격한 날
3일 　테르모필레의 비극이 일어난 날
4일 　만리장성 공사가 시작된 날
5일 　레우크트라 전투가 벌어진 날
6일 　신성 로마 제국이 사라진 날
7일 　독일 사회민주노동자당이 생긴 날
8일 　아세안이 설립된 날
9일 　토베 얀손이 태어난 날
10일 　8월 10일 사건이 일어난 날
11일 　바이마르 헌법이 제정된 날
12일 　클레오파트라가 사망한 날
13일 　아스테카 제국이 멸망한 날
14일 　시턴이 태어난 날
15일 　인도와 파키스탄이 분리 독립한 날
16일 　엘비스 프레슬리가 사망한 날
17일 　튀르키예에서 대지진이 일어난 날
18일 　칭기즈 칸이 사망한 날
19일 　파레토가 사망한 날
20일 　모기의 날의 유래가 된 날
21일 　필립 2세가 태어난 날
22일 　드뷔시가 태어난 날
23일 　독소불가침조약이 체결된 날
24일 　폼페이가 화산 분화로 멸망한 날
25일 　벨기에 독립혁명이 시작된 날
26일 　프랑스 인권 선언이 채택된 날
27일 　마더 테레사가 세례를 받은 날
28일 　괴테가 태어난 날
29일 　비행선 체펠린호가 세계 일주에 성공한 날
30일 　마오쩌둥이 인민공사를 만들기로 결정한 날
31일 　치옴피의 난이 실패한 날

6월

1일	첫 세계 어린이의 날
2일	빌헬름 1세 암살미수 사건이 일어난 날
3일	윈저 공작이 심프슨 부인과 결혼한 날
4일	의회개혁 법안이 귀족원을 통과한 날
5일	애덤 스미스가 태어난 날
6일	노르망디 상륙작전이 시작된 날
7일	토르데시야스 조약이 체결된 날
8일	무함마드가 사망한 날
9일	《에밀》에 유죄판결이 내려진 날
10일	알렉산더 대왕이 사망한 날
11일	슈트라우스가 태어난 날
12일	안네 프랑크가 태어난 날
13일	베를린 회의가 시작된 날
14일	보오전쟁이 시작된 날
15일	마그나 카르타가 성립된 날
16일	여성이 처음으로 우주비행을 떠난 날
17일	구노가 태어난 날
18일	백년전쟁의 파테 전투가 벌어진 날
19일	파스칼이 태어난 날
20일	테니스코트의 맹세가 있었던 날
21일	미피가 출판된 날
22일	갈릴레오에게 유죄 판결이 내려진 날
23일	네덜란드 함대가 자바에 도착한 날
24일	UFO의 날의 유래가 된 날
25일	한국전쟁이 일어난 날
26일	하멜른의 피리 부는 남자 사건의 날
27일	헬렌 켈러가 태어난 날
28일	베르사유 조약이 맺어진 날
29일	글로브 극장이 불길에 휩싸인 날
30일	특수 상대성 이론이 발표된 날

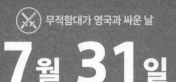

무적함대가
영국에게 패배했다고?!

대항해시대에 세계 최대의 나라를 이룩한 스페인의 함대가 영국에게
지고 말았어요. 스페인이 점점 힘을 잃게 된 계기가 된 전투였어요.

> 우리가 무적이
> 아니었다니...
>
> 두둥─!

대항해시대를 지배한 스페인의 몰락

유럽 여러 나라가 배를 타고 아프리카, 아시아, 아메리카 대륙으로 뻗어나갔던 시
대를 '대항해시대'라고 해요. 특히 스페인은 세계 각지로 영토를 넓혀서 세계 최대
의 제국이 되었어요. 이 무렵 네덜란드가 스페인으로부터 독립하는 것을 영국이
도왔기 때문에 스페인과 영국이 전쟁으로 맞붙었어요. 스페인은 '무적함대'라고 불
리는 강한 함대를 보냈지만, 영국은 민첩하게 회전할 수 있는 배로 싸웠어요. 영국
의 배는 폭풍 속에서도 유리했기 때문에 승리했어요.

 퀴즈 영국 함대의 사령관이었던 프랜시스 드레이크의 직업은?

❶ 해적　　　❷ 목사　　　❸ 화가　　　❹ 가수

정답 | ❶ 당시 영국 정부는 해적이 상대편의 배를 덮치는 것을 이해해 줬어요.

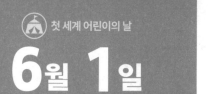 첫 세계 어린이의 날

6월 1일

1926년
스위스
현대

■ 있음
□ 없음

여기쯤

어린이의 성장을 축하하는
세계 어린이의 날

1925년 8월 스위스 제네바에서 열린 아동 복지를 위한 세계 회의에서
이날을 '세계 어린이의 날'로 정해졌어요.

어린이의 권리를 존중하고
성장을 축하하는 날이야!

어린이날은 나라마다 날짜가 다르다?!

'세계 어린이의 날'은 어린이의 권리를 존중하고, 성장을 축하하는 것 등이 목적인
날이에요. '어린이날'은 나라마다 다르지만 중국, 몽골, 베트남, 러시아, 폴란드, 루
마니아, 쿠바 등 많은 나라에서 이날을 '어린이날'로 기념해요.

퀴즈 우리나라의 '어린이날'은 언제일까?

❶ 1월 1일　　　❷ 2월 2일　　　❸ 4월 4일　　　❹ 5월 5일

정답 | ❹ 한국의 '어린이날'은 5월 5일이에요. 11월 20일을 '세계 어린이의 날'로 기념하는 나라도 있어요.

포드가 태어난 날
7월 30일

1863년 미국 근대

여기쯤
■ 있음
□ 없음

에디슨 회사에서 일했던
자동차왕

세계적인 자동차 회사인 포드의 창립자 헨리 포드는
발명왕 에디슨의 회사에서 일하면서 집에서 엔진을 연구했어요.

부자가 아니어도
살 수 있는 자동차를 만들자!

1 예~

누구나 자동차를 살 수 있게 할 거야

훗날 자동차 회사를 세운 포드는 디트로이트 공장에서 일하다가 발명가 에디슨의
전능 회사에 입사했어요. 회사에서 퇴근하면 집에서 자동차를 연구했고, 마침내
자동차를 완성했어요. 에디슨의 회사를 그만두고 자동차 회사를 세운 포드는 부자
가 아니어도 살 수 있는 자동차 개발을 목표로 삼았어요. 1908년에 발매한 T형 포
드는 전 세계에서 1,500만 대 이상이 팔렸어요.

퀴즈
포드가 자기가 만든 자동차 홍보에 이용한 방법은?
❶ 영화　　　❷ 우편배달　　　❸ 자동차 경주　　　❹ 순찰차

정답 l ❸ 포드가 직접 자동차 경주 대회에 출전해서 우승하는 방법으로 회사를 알리고 돈을 투자할 사람을 찾았어요.

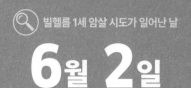
빌헬름 1세 암살 시도가 일어난 날

6월 2일

1878년
독일
근대

■ 있음
□ 없음

여기쯤

두 번이나 암살 시도를 당한
독일의 왕

독일 황제 빌헬름 1세는 두 번이나 총격을 받았어요.
재상 비스마르크는 이 사건을 빌미로 사회주의자를 억압했어요.

하마터면
죽을 뻔했어.

황제를 공격한 사회주의자는
용서할 수 없습니다. 가만두지 않겠어요!

빌헬름 1세, 총격당하다

이 해, 초대 독일 황제인 빌헬름 1세는 두 번이나 암살될 뻔했어요. 두 번째 사건이
일어난 것이 바로 이날이에요. 카를 노빌링이라는 남자가 베를린의 운터 덴 린덴
거리에서 빌헬름 1세에게 총을 쐈고, 중상을 입혔어요. 사회주의자들을 견제하던
재상 비스마르크는 이 사건을 트집 잡아서 10월에 '사회주의자 진압법'을 만들어
단속했어요.

퀴즈 | 독일의 재상 비스마르크는 뭐라고 불렸을까?

❶ 철혈재상　　　❷ 독재왕　　　❸ 풍향계　　　❹ 철의 여인

정답 | ❶ 비스마르크는 독일의 초대 재상이에요. '철과 피만이 문제를 해결한다'라고 연설해서 이런 별명이 붙었어요.

무솔리니가 태어난 날
7월 29일

1883년
이탈리아
근대
■ 있음
□ 없음
여기쯤

독재정치로 전쟁했더니
지고 말았어

1922년 베니토 무솔리니는 자신을 응원하는 4만 명의
파시스트 당원들과 국왕에 대해 쿠데타를 일으켜 정권을 잡았어요.

파시스트당이
정권을 잡겠어!

자유를 제한하고, 외국을 침략하다

나의 이름은 무솔리니, 원래는 교사였지만 정치기기 되었이. 정권을 잡고 니시는
이탈리아에서 파시즘이라는 정치를 펼쳤어. 파시즘은 사람들의 자유와 행복을 추
구할 권리를 제한하고, 외국을 침략하는 독재정치*를 말해. 제2차 세계대전에서
일본, 독일과 같은 편에 서서 이탈리아는 패배했고, 나도 사형당하고 말았지.

* 혼자 또는 정치를 행하는 하나의 단체가 매우 강력하고 커다란 힘으로 권력을 독차지하는 정치예요.

퀴즈
무솔리니는 무엇을 가르치는 교사였을까?
❶ 음악　　　❷ 체육　　　❸ 프랑스어　　　❹ 미술

정답 | ❸ 프랑스어 교사로 채용되었어요. 역사, 국어, 지리도 가르쳤어요.

📖 윈저 공작이 심프슨 부인과 결혼한 날

6월 3일

1937년
영국
현대
여기쯤
■ 있음
□ 없음

왕위를 버리고 심프슨 부인과 결혼한 에드워드 8세

영국의 국왕 에드워드 8세는 왕위를 버리고 윈저 공작이 되었어요.
이날 월리스 심프슨과 결혼식을 올렸어요.

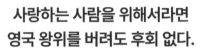

사랑하는 사람을 위해서라면
영국 왕위를 버려도 후회 없다.

왕관을 건 영국 왕의 순애보

나는 윈저 공작, 에드워드 8세라고 불리던 영국의 왕이었어. 미국인인 월리스 심프슨과 결혼하려고 했지만, 두 번의 이혼 경력이 있는 그녀 때문에 내 결혼이 나라를 들썩이는 큰 문제로 번지고 말았어. 그래서 나는 왕위를 내려놓고 공작이 되어 월리스 심프슨과 프랑스의 캉데 성에서 결혼식을 올렸어.

★★★ 퀴즈	에드워드 8세가 퇴위한 뒤 왕이 된 사람은?			
	① 누나	② 형	③ 여동생	④ 남동생

정답 | ④ 남동생인 요크 공작이 조지 6세로 왕이 되었어요. 엘리자베스 2세 여왕의 아버지이기도 해요.

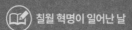 칠월 혁명이 일어난 날

7월 28일

1830년

프랑스

근대

여기쯤

■ 있음
□ 없음

국민이 정부군을 이겨서
왕을 쫓아내다

프랑스 국왕 샤를 10세는 왕 중심의 정치를 이끌어보려고 했지만,
분노한 시민이 혁명을 일으켰어요.

국민이 국왕을 이긴 영광의 3일

이날 '칠월 혁명'이라는 시민 혁명이 일어났어요. 당시 국왕 샤를 10세는 옛날처럼 설대왕성 체제를 복표로 하면서 국민에게 미움을 샀어요. 7월 27일에 개혁을 요구하는 자유주의 신문을 정부가 빼앗으며 억압이 강해지자, 마침내 국민들이 행동에 나섰어요. 이날 혁명파의 사령부가 설치되었고, 국민이 승리하여 국왕 샤를 10세를 나라 밖으로 추방했어요.

 퀴즈 ★★★ **국민이 상징으로 사용한 깃발은?**

❶ 백기　　　❷ 흑기　　　❸ 적기　　　❹ 삼색기

정답 I ❹ 파랑, 하양, 빨강으로 자유, 평등, 박애를 나타내요. 프랑스 혁명에도 사용되었고, 현재 프랑스 국기의 바탕이 되었어요.

6월 4일

삼세번, 도전!
의회는 국민을 대표해야 한다

19세기 초 영국에서는 선거제도에 대한 국민들의 불만이 대단했어요. 그래서 의회의 개혁을 요구하는 법안이 통과되고, 의석과 선거권이 새롭게 바뀌었어요.

세 번째 시도 만에 귀족원*을 통과한 의회개혁 법안

19세기 초 영국의 선거제도는 버밍엄과 맨체스터를 포함한 일부 도시에는 정해진 의석이 없는 등 시대에 뒤처진 상태였어요. 그래서 18세기 말부터 선거제도 개혁을 요구하는 운동이 일어났어요. 휘그당의 그레이 내각이 의회개혁 법안을 제출했지만, 두 번이나 받아들여지지 않았어요. 이날 세 번째 의회개혁 법안이 제출되었고, 반대가 많았던 귀족원을 통과했어요.

* 당시 영국의회는 귀족원과 시민원으로 구성되었어요.

퀴즈 **18세기 후반 버밍엄과 맨체스터는 무엇의 중심이 되었을까?**

❶ 산업혁명　　❷ IT 혁명　　❸ 프랑스 혁명　　❹ 러시아 혁명

정답 | ❶ 산업혁명은 큰 공장에서 기계를 사용하여 상품을 대량으로 만들게 된 것을 말해요.

1844년
영국
근대

여기쯤

■ 있음
□ 없음

물질은 원자라는
아주 작은 입자로 이루어져 있어

존 돌턴이 모든 물질의 근원인 원자에 대한 이론을 발표했어요.
돌턴은 근대 화학 분야에서 중요한 인물이에요.

물질은 원자로
이루어져 있다.

ELEMENTS

원자에 대한 돌턴의 생각

나는 공부를 엄청나게 좋아해서 소등학교를 졸업한 뒤부터 스스로 공부하면서 화
학 지식을 익혔어. 특히 날씨와 같은 기상 현상에 흥미가 깊었던 나는 공기의 성분
에 대해서 연구했는데, '기체는 원자의 단순한 조합으로 이루어져 있다'라고 생각
했어. 이것을 '원자론'이라고 해. '물질은 원자라는 작은 입자로 이루어져 있다'라고
생각해서 원소 기호도 발표했어.

★★★ 퀴즈	돌턴이 최초로 교사가 되었을 때의 나이는?			
	❶ 12세	❷ 22세	❸ 32세	❹ 82세

정답 | ❶ 자기가 공부하던 초등학교의 선생님이 은퇴해서 12살에 교사가 되었어요.

 애덤 스미스가 태어난 날

6월 5일

1723년

영국   근대

여기쯤

■ 있음
□ 없음

부란 무엇인가?
일하면 모두 부자가 될 수 있나요?

《국부론》을 써서 '근대 경제학의 아버지'라고 불리는
애덤 스미스는 이날 영국 북부의 스코틀랜드에서 태어났어요.

나는 부란 무엇인지를
생각해서 경제학에 커다란 영향을 주었어.

《국부론》에 담긴 풍요에 대한 애덤 스미스의 생각

나는 애덤 스미스야. 프랑스 사상을 배운 학자이고, 경제학뿐 아니라 도덕에 관한
책도 썼어. '부란 무엇인가'를 다룬 《국부론》을 썼어. 당시에는 중상주의가 지배적
이어서, 국가의 부를 금, 은, 보석 등 귀금속이라고 생각했던 시대야. 나는 '부는 소
비재*'라고 주장했어. 자유로운 무역과 경제 활동을 통해 부가 쌓인다고 생각했지.

* 생활에 필요한 물건이나 적당히 필요한 사치품을 말해요.

 퀴즈   애덤 스미스의 《국부론》이 출판된 것은 언제일까?

❶ 1746년   ❷ 1756년   ❸ 1766년   ❹ 1776년

정답 | ❹ 애덤 스미스가 《국부론》을 쓴 것은 53살 때였어요.

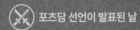

패배를 인정하고
민주적으로 나라를 꾸리시오

제2차 세계대전에서 승산이 없었던 일본에 미국과 다른 나라들이
항복을 권유하는 '포츠담 선언'을 발표했어요.

항복해라!

포츠담 선언을 무시하려 했던 일본

제2차 세계대전 중이었던 이날 미국, 영국, 중국이 포츠담 선언을 발표했어요. 이 무렵 일본과 같은 편이었던 독일과 이탈리아도 모두 항복한 상태라 일본이 이길 가능성은 없었어요. 그때 일본에 무조건 패배를 인정하라고 권한 것이 포츠담 선언이에요. 일본은 이 선언을 무시할 생각이었지만, 원자폭탄 공격을 맞고 8월 14일에 받아들였어요.

 퀴즈 포츠담이란 무엇일까?

❶ 사람의 이름　　❷ 신의 이름　　❸ 댐의 이름　　❹ 도시 이름

정답 | ❹ 독일의 도시 포츠담에서 미국, 영국, 중국이 모여 이야기를 나누었어요.

노르망디 상륙작전이 시작된 날

6월 6일

1944년
프랑스
현대

여기롬
■ 있음
□ 없음

최대의 상륙작전이
프랑스에서 시작되다

제2차 세계대전 말 독일에 대항해서 연합군이
바다에서 육지로 쳐들어가는 작전을 개시했어요.

노르망디 해안에 상륙해서
히틀러와 독일군을 쳐부수자!

메롱-

연합군 vs. 독일! 노르망디 상륙작전의 첫 단추

미국, 영국, 캐나다 등의 연합군이 이날 독일이 점령한 프랑스 북서부의 노르망디 해안에서 상륙작전을 펼쳤어요. 독일군의 저항으로 많은 희생이 따랐지만, 연합군은 약 2개월에 걸쳐서 노르망디 지방을 되찾았어요. 이 작전의 성공은 독일을 포함한 추축국에 큰 타격을 주었고, 제2차 세계대전 말에 연합국이 반격해서 승리하는 중요한 계기가 되었어요.

퀴즈 노르망디 상륙작전에서 연합군을 지휘했던 사람은?

❶ 아이젠 하워   ❷ 케네디   ❸ 오바마   ❹ 트럼프

정답 | ❶ 미국의 아이젠하워는 나중에 제34대 미국 대통령이 되었어요.

7월 25일

918년

고려

중세

☐ 있음
■ 없음

여기쯤

나는 한반도를 통일하는 왕이 될 거야

10세기 초 한반도는 여러 나라로 나뉘어 있었어요.
이것을 통일하여 고려라는 나라를 세운 사람이 왕건이에요.

내가 한반도를
통일한
왕건이다!

폭군이 되어버린 왕을 쓰러뜨리고 스스로 왕이 되다

10세기 초의 한반도는 신라, 후고구려, 후백제로 나뉘어 있었느니라. 그 세 나라를 통일한 사람이 바로 나 왕건! 나는 후고구려의 장수(군의 우두머리)였다. 백성의 삶을 고통스럽게 만든 폭군 궁예를 쓰러뜨리고 고려라는 나라를 일으켰지. 그 후 주변 나라와 싸워 935년에 신라를 무너뜨리고 강적이었던 후백제에서 자기들끼리 싸움이 일어난 틈을 타 936년에 한반도 통일에 성공했노라!

퀴즈 | 왕건이 고려의 종교로 인정한 것은?

❶ 기독교　　❷ 이슬람교　　❸ 불교　　❹ 유교

정답 | ❸ 불교를 고려의 국교(나라의 종교)로 정했어요.

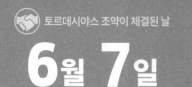 토르데시야스 조약이 체결된 날

6월 7일

 1494년 스페인 근세

■ 있음
□ 없음

여기쯤

영토 분할 방법을 결정한
토르데시야스 조약

포르투갈과 스페인 사이에 이루어진 새로운 영토 분할 방법을 정하는 조약이
토르데시야스 마을에서 결정되었어요.

이 선을 기준으로 동쪽은 포르투갈령,
서쪽은 스페인령으로 하자!

이건 아니지!

분할 방법에 불만 있어? 그럼 다시 정해!

콜럼버스가 신대륙을 발견하고 나서 새로운 땅의 지배권을 둘러싸고 포르투갈과
스페인이 대립했어요. 로마 교황인 알렉산더 6세는 대서양 위 남북 자오선(북극점
에서 남극점을 잇는 세로선)의 동쪽을 포르투갈, 서쪽을 스페인 영토로 정했어요. 그
기준에 불만을 품은 포르투갈이 스페인에 요청해서 이날 서경 46도 37분을 경계
로 한 조약을 양국의 국경 근처인 스페인의 토르데시야스 마을에서 체결했어요.

★★★
퀴즈 | 토르데시야스 조약에 따라 포르투갈령이 된 남아메리카 국가는?

❶ 자메이카　　❷ 에티오피아　　❸ 캐나다　　❹ 브라질

정답 | ❹ 조약이 체결되었을 때는 아직 브라질이 발견되지 않았고, 뒤늦게 포르투갈 영토가 되었어요.

마추픽추 유적이 발견된 날

7월 24일

1911년
페루
현대

■ 있음
□ 없음

여기쯤

가는 길이 너무 힘들어!
수수께끼의 도시

남아메리카에서 번영했던 잉카 제국에서 베일에 싸인
마추픽추 유적이 페루의 높은 산꼭대기에서 발견되었어요.

높은 산꼭대기에 있어서 살아남은 신비한 유적

13~16세기 남아메리카 대륙에는 잉카 제국이 발전했어요. 넓은 영토와 고도의 문명(잉가 문명)이 있었지만, 스페인 사람 때문에 멸망하고 말았어요. 문자기 없던 사회라서 아직 밝혀지지 않은 진실이 많지만, 1911년에 미국 고고학자 빙엄이 잉카 제국의 도시인 마추픽추의 유적을 발견했어요. 높은 산꼭대기에 있었기 때문에 스페인 사람에게 파괴되지 않았다고 해요.

퀴즈 잉카 문명에서 문자 대신 기록에 사용한 것은?

❶ 줄　　　❷ 불　　　❸ 모래　　　❹ 뼈

정답 | ❶ 줄의 매듭으로 수량을 기록했어요. 이것을 '킵'이라고 불러요.

🕊 무함마드가 사망한 날

6월 8일

632년
아라비아반도

중세

■ 있음
□ 없음

여기쯤

알라의 말씀을 전한
이슬람교의 창시자

알라(신)의 말씀을 사람들에게 전한 예언자이자
이슬람교의 창시자인 무함마드는 이날 메디나에서 사망했어요.

무함마드는
40살 무렵
예언자로서 포교
활동을 시작했어요.

여기가
메디나인가?

순례자

많은 신자를 거느린 무함마드

나는 무함마드 이븐 압둘라야. 알라를 받들어 사람들에게 신의 말씀을 전하는 예언자이며, 이슬람교의 창시자지. 상인이었던 적도 있어. 40살 때에 눈앞에 나타난 천사를 통해 신의 계시를 받고부터 포교 활동을 시작했어. 632년에 박해를 피해 메카에서 북쪽으로 340킬로미터 정도 떨어진 메디나로 이주한 뒤 나를 따르는 신자가 더 많이 생겼어.

★★★
퀴즈 이슬람교 제1의 성지인 메카가 있는 나라는?

❶ 사우디아라비아 ❷ 이집트 ❸ 그리스 ❹ 에티오피아

정답 | ❶ 이슬람교도는 하루에 다섯 번, 정해진 시각에 메카를 향해 기도해요.

📖 디트로이트 폭동이 일어난 날

7월 23일

1967년
미국

여기쯤

■ 있음
□ 없음

현대

흑인 차별을 멈춰라!
분노의 폭동이 일어나다

미국에서는 인종차별을 금지하는 법률이 생긴 뒤에도 흑인 차별이 계속되었어요.
그러던 중 경찰관이 흑인을 때린 일이 알려지면서 폭동이 일어났어요.

흑인을 때린 결찰관,
용서 못 해!

끝나지 않은 인종차별

미국에서는 흑인이 노예로 취급받았는데, 노예제도가 없어진 뒤에도 차별이 사라지지 않았어요. 1964년에 싱립된 공민권법으로 인종사별이 금지되었는데도 사별이 계속되었던 거예요. 법률이 생긴 지 3년이 지난 이날, 디트로이트시에서 경찰관이 흑인 소년을 때린 일이 불씨가 되어 흑인들의 폭동이 발생했어요. 폭동은 5일 동안 이어졌고, 38명이나 사망했어요.

★★★
퀴즈 디트로이트는 무엇을 만드는 지역으로 유명할까?

❶ 텔레비전　　❷ 피아노　　❸ 맥주　　❹ 자동차

정답 | ❹ 포드 등의 유명 자동차 회사가 있어서 '모터 시티'로 불리고 있어요.

루소의 책 《에밀》에
유죄 낙인이 찍히다

프랑스 문학자 장 자크 루소의 대표작 중 하나인
《에밀》은 정부와 교회의 추궁을 받아 이날 유죄 판결을 받았어요.

신과 종교에 관한 생각이 위험해

프랑스의 사상가이자 문학자인 루소는 《신엘로이즈》, 《에밀》, 《사회계약론》이라는 책을 썼어요. 하지만 정부와 교회는 책에 담긴 생각이 위험하다면서 루소의 사상을 엄격하게 다잡으려고 했어요. 결국 《에밀》에 유죄 판결을 선고했어요. 루소는 체포당하지 않으려고 스위스의 제네바로 몸을 피했고, 루소의 생각이 인정된 것은 그가 사망한 뒤 11년이 지났을 때였어요.

 퀴즈 **루소의 《에밀》에 등장하는 에밀은 누구?**
❶ 괴수   ❷ 호랑이   ❸ 남자아이   ❹ 사자

정답 | ❸ 가정교사가 부모가 없는 남자아이 에밀과 보내는 하루하루가 그려져 있어요. 소설처럼 쓰인 교육에 대한 책이에요.

📖 멘델이 세례를 받은 날

7월 22일

1822년
오스트리아   근대

여기쯤

■ 있음
□ 없음

완두콩을 이용한 실험으로 유전 법칙을 알아내다

식물학을 연구한 멘델은 완두콩으로 실험했어요. 그 실험에서 부모의 특징이 아이에게서 나타나는 '우성', 나타나지 않은 '열성'이라는 유전 법칙을 발견했어요.

유전의 법칙을 발견했다~!

멘델이 세상을 떠난 뒤에야 인정받은 '멘델의 법칙'

나는 식물학자 그레고르 요한 멘델이야. 농기에서 태어나 학교를 졸업한 뒤 수도원에 들어가서 식물학을 공부했어. 그중에서 완두콩 실험으로 발견한 성과가 '멘델의 법칙'이라는 유전 법칙이야. 하지만 이 법칙이 인정을 받은 것은 내가 죽은 다음이었어.

퀴즈 | 멘델이 또 다른 실험에 사용한 식물은?
❶ 민들레   ❷ 당근   ❸ 해바라기   ❹ 아스파라거스

정답 | ❶ 민들레 종류의 식물을 사용해서 실험했어요.

알렉산드로스 대왕이 사망한 날

6월 10일

기원전 323년
알렉산드로스 제국

고대

□ 있음
■ 없음

여기쯤

대제국을 건설한
대왕의 마지막

유럽에서 인도에 걸친 대제국을 완성한 알렉산드로스 대왕은 원정을 끝내고
바빌론에 돌아온 뒤, 32살의 젊은 나이로 세상을 떠났어요.

단 한 세대 만에 세계 최대의 제국을 만들었어!

짜잔!!

그리스와 동쪽 문화가 어우러진 대국

기원전 4세기 그리스의 북쪽에 있던 마케도니아 왕국의 왕자 알렉산드로스는 아
버지 필리포스 2세가 암살되자, 20살의 젊은 나이로 왕위를 계승했어요. 알렉산
드로스는 동방원정을 떠났고 시리아, 이집트, 페르시아, 인도까지 군대를 보냈어요.
그리고 유럽, 아프리카, 아시아에 걸친 대제국을 건설했지요. 바빌론에 돌아온 알
렉산드로스는 축하 파티 중에 쓰러져 사망했다고 해요.

퀴즈 ★★★ 알렉산드로스를 독일어로 읽으면 뭐라고 읽을까?

❶ 악타로스   ❷ 아나스타시오스   ❸ 알렉산더   ❹ 안토니스

정답 | ❸ 알렉산드로스는 독일어로 알렉산더라고 읽어요.

피라미드 전투가 일어난 날

7월 21일

1798년
오스만 제국 — 근대

□ 있음
■ 없음

여기쯤

피라미드가 지켜보는
이집트에서 싸우자

프랑스의 나폴레옹이 이끄는 군대가 이집트에 가서
이집트를 지배하던 오스만 제국군과 싸워 승리했어요.

영국에 대항하기 위해 이집트로 향하다

프랑스 혁명 후, 프랑스 군대의 사령관이 된 나폴레옹은 프랑스가 사이가 안 좋은
영국에 맞서려면 영국과 인도 무역의 중간 지점인 이집트를 차지해야겠다고 생각
했어요. 나폴레옹의 군대는 피라미드 전투에서 이집트를 지배하고 있던 오스만 제
국의 군대를 무찔렀어요. 이 전투는 나폴레옹이 "피라미드 꼭대기에서 4천 년의
역사가 너희를 내려다보고 있다"라는 말로 병사들의 용기를 북돋아 주었다는 이
야기로 유명해요.

퀴즈 나폴레옹이 이집트에 군대와 함께 데려간 것은?
❶ 학자　　❷ 서커스　　❸ 야구팀　　❹ 코끼리 무리

정답 | ❶ 학자와 예술가를 데리고 가서 로제타스톤이라는 비석을 발견했어요.

🎂 슈트라우스가 태어난 날

6월 11일

1864년
독일 · 근대

여기쯤

■ 있음
□ 없음

수많은 명곡을 남긴 작곡가 슈트라우스

근대 독일을 대표하는 작곡가 중 하나인 리하르트 슈트라우스는
1864년 이날에 독일의 뮌헨에서 태어났어요.
슈트라우스는 관현악과 오페라 등 많은 작품을 남겼어요.

나는 작곡도 잘했지만,
지휘자로도 활약했지.

교향시 분야에 최대 업적을 남기다

나는 리하르트 슈트라우스야. 교향시 〈자라투스트라는 이렇게 말했다〉로 잘 알려진 독일의 작곡가지. 아버지는 뮌헨 궁정악단의 호른 연주자였는데, 아버지의 영향으로 어릴 적부터 음악 영재 교육을 받으며 자랐어. 무려 60년 동안 작곡을 하며 수많은 명곡을 남기고 85살까지 살았어.

퀴즈 슈트라우스는 제2차 세계대전 후, 무엇에 협력했다는 의심을 받고 재판대에 올랐을까?

❶ 로마 제국　　❷ 십자군　　❸ 연합국군　　❹ 나치

정답 | ❹ 나치에게 협력하여 음악 활동을 했어요. 최종적으로는 무죄 판결을 받았어요.

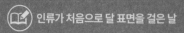
인류가 처음으로 달 표면을 걸은 날

7월 20일

1969년
미국
현대
여기쯤
■ 있음
□ 없음

사람이 달 표면을 걷다니!
세계가 주목한 우주 비행

달 표면 걷기를 목표로 우주에 날아간 3명의 우주비행사는
발사 4일 뒤에 달 착륙에 성공했어요.

전 세계 사람들이 달 착륙을 지켜보다

1961년 당시 미국 대통령이었던 케네디가 "1960년대가 끝나기 전에 인류를 달에 세우겠다"라고 선언해서 세계를 놀리게 했어요. 우주에 사람을 보내기 위해 로켓 만들기부터 시작한 이 계획은 몇 년이나 걸렸어요. 그리고 1969년 이날 마침내 3명의 우주비행사가 달 위에서 뛰기와 걷기에 성공했어요. 달에 착륙한 우주비행사들은 달의 성분을 지구에 가져가려고 암석과 모래 등을 대량으로 모았어요. 달에 미국 국기를 꽂은 사진은 지금도 유명해요.

퀴즈 | 이때 사용된 우주선의 이름은?

❶ 아폴로 11호　　　❷ 컬럼비아호　　　❸ 스페이스 1호

정답 | ❶ 아폴로 11호의 선장 닐 암스트롱이 세계에서 처음으로 달에 내린 인물이에요.

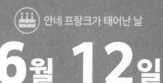
안네 프랑크가 태어난 날

6월 12일

1929년
독일
현대
여기쯤
■ 있음
□ 없음

전쟁이 끝나면 산책하고 싶어!
한 글자씩 눌러쓴 희망

히틀러가 지배하던 독일 사회는 안네와 같은 유대인을 괴롭혀서
유대인은 억지로 숨어 살아야만 했어요.

꿈꾸던 소녀의 일기

안네는 독일에 사는 유대인 가정에서 태어났어요. 13살 때 생일 선물로 받은 일기
장을 매우 소중하게 아꼈어요. 전쟁 상황이 심각해지자 유대인들은 몸을 숨기고
생활해야 했어요. 그래도 안네는 일기 쓰기를 멈추지 않았어요. 일기에는 전쟁이
끝나면 하고 싶은 일, 미래의 꿈 등 안네의 희망이 가득 담겨 있었어요. 하지만 안
네는 전쟁이 끝나기 2개월 전에 병에 걸려 숨지고 말았어요. 안네가 쓴 일기는 전
쟁에서 살아남은 아버지가 전 세계에 공개했어요.

★★★ 퀴즈	안네가 일기장에 붙인 이름은?		
	❶ 릴리	❷ 마리	❸ 키티

정답 | ❸ 안네의 일기는 '사랑하는 키티에게게'라는 말로 시작해요.

7월 19일

아버지는 반대했지만, 예술가가 되고 싶어요

이날 발레 그림으로 유명한 예술가인 드가가 태어났어요. 드가는 예술가가 되고 싶다는 꿈을 버리지 않고 공부를 계속해서 예술가가 될 수 있었어요.

발레 그림을 많이 그렸어.

예술가의 꿈을 버릴 수 없었던 드가

프랑스 파리에서 태어난 예술가인 에드가르 드가는 화가가 되고 싶었지만, 은행원이던 아버지에게 "예술가가 뇌년 가난해신나"라는 말을 듣고 파리 내학에서 법률을 공부했어요. 하지만 예술에 대한 꿈은 사그라지지 않아서 결국 법률 공부를 그만두고 국립미술대학에 입학해 화가가 되었어요. 드가는 도시 사람들을 그린 그림이 유명하고, 특히 발레를 주제로 그린 그림을 많이 남겼어요.

퀴즈 드가가 그림 공부를 위해 찾아간 나라는?

① 러시아　　　② 영국　　　③ 그리스　　　④ 이탈리아

정답 | ④ 이탈리아는 14~16세기에 르네상스 문화 운동이 있었던 나라로, 예술이 발달했어요.

베를린 회의가 시작된 날

6월 13일

1878년
독일
근대

■ 있음
□ 없음

여기쯤

국제분쟁 해결을 위해 베를린 회의가 열리다

러시아·튀르크 전쟁이 끝난 뒤 러시아와 영국의 관계는 더욱 나빠졌어요.
독일의 재상인 비스마르크는 분쟁을 해결하기 위해 베를린에서 회의를 열었어요.

내가 러시아와 영국의 문제를 해결할 중재인이 되겠소.

나라 사이의 싸움을 잠재우기 위한 토론

러시아는 러시아·튀르크 전쟁에서 승리하자 발칸반도까지 손을 뻗었어요. 영국과
오스트리아는 러시아에 항의했지요. 영국과 러시아의 관계가 악화될까봐 걱정한
독일 재상 비스마르크는 문제를 해결하려고 베를린에서 국제회의를 열었어요. 회
의에는 영국, 프랑스, 독일, 오스트리아, 러시아, 이탈리아, 오스만 제국 7개국이
참가했어요.

퀴즈 | 베를린 회의에서 체결된 조약은?

❶ 베를린 조약
❷ 일미통상 조약
❸ 워싱턴 조약
❹ 샌프란시스코 평화 조약

정답 | ❶ 서로 영토를 조정하고 루마니아, 세르비아, 몬테네그로는 계속해서 독립국의 지위를 인정받은 조약이에요.

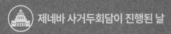

제네바 사거두회담이 진행된 날

7월 18일

1955년 ──── 현대

스위스

여기쯤

■ 있음
□ 없음

모두 집합!
평화를 위해 머리를 맞대다

미국과 친한 나라들과 소련과 친한 나라들은 서로 대립했지만,
이들이 모두 모여 평화를 바라며 의논했어요.

우리 친해질 수 있을까?

| 불가닌 (소련) | 아이젠하워 (미국) | 폴 (프랑스) | 이든 (영국) |

냉전 상태에서 평화 상태로

제2차 세계대전 후 미국을 중심으로 한 자본주의와 소련을 중심으로 한 사회주의
가 대립했어요. 부기를 사용하지 않고 싸웠기 때문에 '냉전(차가운 전쟁)*'이라고 불
렀어요. 냉전은 1989년까지 계속되었지만, 1955년의 제네바 사거두회담 후에
조금 부드러워졌어요. 미국, 영국, 프랑스, 소련의 대통령과 수상이 스위스 제네바
에 모여서 평화를 위해 의견을 나눴어요.

* 직접적인 전쟁을 하지는 않지만, 서로 강하게 대립해서 긴장 상태에 있는 상황을 말해요.

퀴즈 회담에 참여한 미국의 아이젠하워 대통령이 좋아했던 음료는?

❶ 우유 ❷ 콜라 ❸ 물 ❹ 홍차

정답 | ❷ 제2차 세계대전 중 사령관이었던 아이젠하워는 정부에 "내가 있는 전쟁터로 콜라를 보내주시오"라고 부탁했어요.

⚔️ 보오전쟁이 시작된 날

6월 14일

1866년
오스트리아
근대

■ 있음
□ 없음

여기쯤

프로이센 vs. 오스트리아
보오전쟁

독일의 통일을 둘러싸고 싸웠던 두 나라의 전쟁은 한자로 프로이센의 '보(普)', 오스트리아의 '오(墺)'를 따서 '보오전쟁'이라 불러요.

오스트리아를 격파하고 프로이센 중심으로 독일을 통일할 거야!

불끈!

독일 통일을 둘러싼 두 나라의 싸움

여러 작은 나라로 쪼개져 있던 독일 연방 중에서 프로이센과 오스트리아는 어느 쪽이 독일 통일의 주도권을 잡을 것인지를 두고 오랫동안 싸웠어요. 이 해에 프로이센이 오스트리아 영토인 홀슈타인을 자기 나라로 통합한 것을 이유 삼아 전쟁에 뛰어들었어요. 전쟁 준비를 하던 프로이센의 재상 비스마르크는 오스트리아군을 7주 만에 격파했어요.

퀴즈 | 보오전쟁에서 프로이센군을 이끌던 장군은?

❶ 롬멜　　❷ 몰트케　　❸ 아이젠하워　　❹ 맥아더

정답 | ❷ 독일 통일에 힘을 바친 장군으로, 군인 중에서 가장 위대한 사람으로 꼽혀요.

영락제가 명의 황제가 된 날

7월 17일

1402년

명 | 근세

□ 있음
■ 없음

여기쯤

나라를 안팎으로
성장시킨 영락제

명나라의 제3대 황제인 영락제는 영토를 넓히고,
여러 외국과 무역을 해서 나라를 매우 크게 성장시켰어요.

외국에 진출해서
큰 나라로
만들 거야!

명나라, 전성기를 맞이하다

짐은 명나라의 3번째 황제인 영락제이니라. 어릴 적부터 공부를 열심히 해 한 번 읽은 책의 내용을 잊지 않을 정도로 똑똑했지. 제2대 황제였던 건문제는 나의 조카(형의 아들)였고, 16세라는 어린 나이에 왕이 되었지. 짐은 건문제와 싸워 이거서 황제 자리를 거머쥐었단다. 짐은 황제가 된 다음 명나라의 영토를 크게 넓혔고, 외국과 무역을 통해 잘 사는 나라로 만들었느니라.

퀴즈
영락제가 여러 척의 배로 꾸려진 선단을 보낸 곳은?

❶ 호주　　❷ 아프리카　　❸ 유럽　　❹ 미국

정답 | ❷ 영락제의 명령으로 명의 선단은 아프리카 대륙의 동쪽 해안에 방문했어요.

제멋대로 왕은 안 돼!
마그나 카르타에 서명해

국민을 고통으로 몰아넣은 잉글랜드의 왕 존은 이날 자기에게 반대하는
귀족들의 요구를 받아들여 '마그나 카르타'라는 문서의 내용을 인정했어요.

나중에 영국 헌법의 토대가 된
인민과 의회의 권리를 지키는 문서야!

왕의 난폭한 정치를 막기 위한 문서

잉글랜드의 존 왕은 자기 결정으로 전쟁에서 참패하고, 악화된 재정을 국민에게
세금을 걷어 메꾸려고 했어요. 토지와 힘을 가진 권력자와 귀족들은 강하게 반발
했어요. 그래서 국왕이 세금을 걷을 권리를 제한하고, 공정한 재판을 받을 권리를
인정하는 등의 법률적인 각서(마그나 카르타)를 만들어서 왕에게 내밀었어요. 이날
템스강 변의 러니미드 초원에서 존 왕은 63개 조항이 적힌 마그나 카르타에 억지
로 서명했어요.

퀴즈 | **존 왕의 별명은?**

① 결지왕　　　② 뇌제　　　③ 명왕　　　④ 타점왕

정답 | ① 유산으로 영지를 상속받지 못했기 때문에 '결지왕'이라고 불렸어요.

전쟁에 사용된 압도적인 무기
원자폭탄

원자폭탄을 개발한 미국은 세계에서 처음으로 원자폭탄 실험을 진행했어요.
실험이 성공해서 일본에 원자폭탄이 떨어졌어요.

원자폭탄의 첫 실험은 황무지 사막에서

어마어마한 힘을 가졌고, 사람과 토지에 심각한 피해를 주는 원자폭탄을 개발한 미국은 1945년 이날에 첫 실험을 실행했어요. 실험이 이루어진 장소는 미국의 뉴멕시코주에 있는 사막이었죠. 이 실험에 성공한 미국은 전쟁에 원자폭탄을 사용하게 되었어요. 제2차 세계대전 중이었던 1945년 8월 6일에 일본의 히로시마, 8월 9일에는 일본의 나가사키에 원자폭탄을 떨어뜨렸어요.

퀴즈 | 미국의 원자폭탄 개발 계획의 이름은?

❶ 맨해튼 계획   ❷ 워싱턴 계획   ❸ 하와이 계획   ❹ 텍사스 계획

정답 | ❶ 폭탄을 개발한 연구소가 뉴욕의 맨해튼에 있었기 때문에 지명이 계획 이름에 붙었어요.

📖 여성이 처음으로 우주비행을 떠난 날

6월 16일

1963년
소비에트 연방

현대

□ 있음
■ 없음

여기쯤

세계 최초!
여성 우주비행사

테레시코바는 26살에 우주로 여행을 떠났어요.
이제까지 혼자서 우주비행에 성공한 여성은 테레시코바뿐이에요.

3가지 다른 그림을 찾아라!

테레시코바의 3일간의 우주여행

이날 세계 최초이자 최연소 여성 우주비행사로 기록된 테레시코바가 우주로 날아
갔어요. 농장에서 태어난 테레시코바는 직물 공장에서 일하다가 우주비행사로 선
발되었는데, 이 사실을 비밀에 부쳐서 가족들은 정부가 발표했을 때 알게 되었다
고 해요. 그녀는 직물 공장에서 일하면서 낙하산 하강을 90회 이상 훈련한 경험을
인정받아 우주비행사로 선발되었어요. 테레시코바는 보스토크 6호를 타고 비행
하면서 여러 위기를 겪기도 했지만, 무사히 지구를 48바퀴나 돌았어요.

정답 | ❶ 별의 숫자 ❷ 강아지 ❸ 우주복

📖 로제타스톤이 발견된 날

7월 15일

1799년

이집트

근대

■ 있음
□ 없음

여기쯤

돌에 뭔가 쓰여 있다?!
고대 이집트의 비석

돌에 새겨진 문자의 종류는 한 가지가 아니었어요.
세 종류 정도의 문자가 사용되었다는 기록이 남아있어요.

3가지 다른 그림을 찾아라!

왕을 칭찬하는 글이 새겨진 돌

이집트에 원정을 왔던 프랑스군이 오래된 그림 문자 같은 것이 새겨진 커다란 돌을 발견했어요. 그는 프랑스 혁명으로 유명한 나폴레옹이었어요. 돌이 발견된 마을은 유럽에서 '로제타'라고 불렸기 때문에 이 돌에 '로제타스톤'이라는 이름을 붙였어요. 적힌 문자를 해석해 보니 기원전 196년 무렵의 돌이었다는 사실이 밝혀졌어요. 이 비석은 고대 이집트 문자 해석에 큰 도움이 되었다고 해요.

우아하고 부드러운 선율, 근대 가곡의 아버지

오페라 〈파우스트〉를 작곡했고, '프랑스 근대 가곡의 아버지'로 불리는 구노는 이날 프랑스 파리에서 태어났어요.

교회의 오르간 연주자, 성가대의 악장에서 작곡가로

나는 샤를 구노, 프랑스의 작곡가란다. 어릴 때부터 피아니스트인 어머니에게 음악을 배워서 파리 음악원에 입학했어. 그 후 로마로 유학을 떠났지. 파리에 돌아오고 나서는 〈파우스트〉, 〈로미오와 줄리엣〉 등의 오페라를 작곡했어. 오페라 이외에 〈잔 다르크의 미사〉, 〈아베 마리아〉와 같은 종교 음악도 많이 작곡했어.

 퀴즈 　**구노의 〈파우스트〉는 누구의 작품을 바탕으로 만들었을까?**

❶ 셰익스피어　　❷ 그림 형제　　❸ 안데르센　　❹ 괴테

정답 | ❹ 독일 시인 괴테의 《파우스트》라는 희곡을 바탕으로 만들었어요.

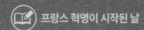

7월 14일

1789년
프랑스
근대

■ 있음
□ 없음

여기쯤

우리는 왕정에 반대한다! 파리 민중이 일어나다

이날 프랑스의 절대왕정에 불만이 쌓일 대로 쌓인
파리 시민들이 시민에 의한 정치를 요구하며 습격했어요.

빵이 없으면 과자를 먹으면 되잖아!

인내심의 한계다!

빵 부스러기도 못 먹고 있는데!

시민이 힘을 모아 왕을 끌어 내리자

이 무렵 프랑스의 정치체제는 왕이 나라를 이끄는 전제정치였는데, 농업과 공업 활동이 자유롭지 않아서 시민들의 불만이 하늘을 찔렀어요. 국왕 루이 16세는 지기 힘으로 상황을 좋게 바꾸려고 노력했지만 잘되지 않았고, 분위기가 더욱 나빠졌어요. 분노가 폭발한 파리 시민들이 바스티유 감옥을 습격하면서 혁명이 시작되었어요. 그 후 루이 16세와 아내 마리 앙투아네트는 처형되었어요.

퀴즈 루이 16세와 마리 앙투아네트는 어떤 방법으로 처형되었을까?
❶ 기요틴   ❷ 기친로   ❸ 길론티   ❹ 기치론

정답 | ❶ 기요틴이라는 장치로 머리를 자르는 처형이 집행되었어요. 프랑스 혁명에서 자주 사용되었어요.

백년전쟁의 파테 전투가 벌어진 날

6월 18일

1429년
프랑스

근세

■ 있음
□ 없음

여기쯤

파테에서 프랑스군이 영국군을 격파하다

14세기 중반부터 100년 이상 이어진 영국과 프랑스의
백년전쟁의 흐름을 바꾼 파테 전투가 이날 일어났어요.

프랑스군이 파테 전투에서 영국군을 이겼다!

와~!

질 것 같았던 프랑스군이 승리하다니

영국 왕조와 프랑스 왕조의 영지를 둘러싼 대립이 100년이 넘게 계속되었어요. 긴
전쟁으로 프랑스군은 영국군에게 밀리던 상황이었지만, 북프랑스 중부에 위치한
파테의 교외 지역에서 벌어진 전투에서 적극적인 공격으로 영국군을 무찔렀어요.
이 전투로 백년전쟁의 흐름이 바뀌어 프랑스의 왕태자 샤를이 국왕 자리를 계승하
며 샤를 7세가 되었어요.

퀴즈

백년전쟁에서 활약한 프랑스의 잔다르크는 뭐라고 불렸을까?

❶ 오를레앙의 소녀
❷ 알프스의 소녀
❸ 철의 여인
❹ 크리미아의 천사

정답 | ❶ 영국군에게 포위된 북프랑스의 도시 오를레앙을 구했기 때문에 이렇게 불려요.

1930년 — 현대
우루과이
■ 있음
□ 없음
여기쯤

첫 월드컵 개최 도시는 우루과이

제1회 월드컵이 우루과이에서 열렸어요.
지금과 달리 '참가하기 싫다'라고 거부한 나라도 많았어요.

월드컵 할 거니까
참가해 주세요~!

멀어서
안 갈래~

오랫동안 배 타기 싫어서 참가하지 않은 나라도 있다?!

축구로 세계 제일의 나라를 정하는 제1회 월드컵은 1930년에 열렸어요. 개최국은 남미의 우루과이로, 지금과 달리 지역 예선은 없었고 유럽과 남미에서 총 13개국이 참가했어요. 당시는 비행기가 아니라 배를 타고 우루과이까지 가야 했기 때문에 유럽에서 출발하면 2주나 걸렸어요. 그게 싫어서 참가하지 않은 유럽 나라도 있었어요. 우승한 나라는 개최국인 우루과이였어요.

 퀴즈 우리나라가 처음으로 월드컵에 참가한 것은 몇 년도일까?

❶ 1954년   ❷ 1974년   ❸ 1998년   ❹ 2010년

정답 | ❶ 1954년 6월 한국전쟁이 끝나고 제5회 스위스 월드컵에 참가했어요.

파스칼이 태어난 날
6월 19일

1623년
프랑스
근세
여기쯤
■ 있음
□ 없음

파스칼의 원리를 발견한
프랑스의 천재 학자

프랑스의 철학자, 수학자, 물리학자로 유명한 블레즈 파스칼은
이날 프랑스 중부 지방의 클레르몽에서 세금 관리의 아들로 태어났어요.

철학, 수학, 물리학...
여러 분야에서 공적을 남겼어.

"인간은 생각하는 갈대다."

나는 파스칼이야. 어릴 적부터 천재였는데, 액체와 기체의 압력에 관한 법칙인 '파스칼의 원리'를 발견한 것으로 유명해. 태풍의 크기를 나타내는 단위인 헥토파스칼도 나의 이름을 딴 거야. 내가 남긴 메모는 사후에 《팡세》라는 책으로 출판되었어. 이 책에서 "인간은 생각하는 갈대"라는 명언도 남겼지.

★★★ 퀴즈
천재 파스칼은 누구의 환생이라고 일컬어졌을까?
❶ 뉴턴　　　❷ 아인슈타인　　　❸ 아르키메데스　　　❹ 호킹

정답 | ❸ 고대 그리스 수학자·물리학자인 아르키메데스가 다시 태어났다는 말을 들었대요.

칼마르 동맹이 성립된 날

7월 12일

 중세

1397년
덴마크

여기쯤

■ 있음
□ 없음

외교 전쟁으로
최대 크기의 국가 권력을 쥔 여왕

덴마크와 노르웨이와 스웨덴이 동맹을 맺었어요.
이 동맹을 지배한 사람은 마르그레테였어요. 노르웨이의 왕 에리크는
10대여서 실제 권력은 마르그레테가 쥐고 있었어요.

동맹의 왕은 아직 어리니 내가 대신 맡을게요!

삼국동맹을 지휘한 마르그레테

나는 덴마크·노르웨이의 여왕 마르그레테 야. 내가 중심이 되어 덴마크, 스웨덴, 노르 웨이가 동맹을 맺었어. 그때 협상했던 장 소가 스웨덴의 칼마르였기 때문에 칼마르 동맹이라고 불리지. 이로써 칼마르 동맹은 유럽에서 가장 큰 나라라고 말할 수 있는 국가연합체가 되었어.

퀴즈 ★★★ **마르그레테가 태어난 나라는?**

❶ 노르웨이　　❷ 영국　　❸ 프랑스　　❹ 덴마크

정답 | ❹ 덴마크 왕의 딸로 태어났고, 10살에 노르웨이 왕과 결혼했어요.

테니스코트 맹세가 있었던 날

6월 20일

1789년
프랑스
근대
여기쯤
■ 있음
□ 없음

프랑스 혁명의 계기가 된
테니스코트 맹세

자기들이 입장할 회의장이 폐쇄되었다는 사실을 알게 된
제3신분(평민) 의원들은 테니스코트에서 헌법 제정을 맹세했어요.

왕이 회의장을 막았다고 합니다!
헌법이 제정될 때까지 해산하지 맙시다!

평민의원이 헌법 제정을 외치다

프랑스 의회에서 이 해에 특권 신분인 성직자와 귀족과 제3신분인 평민 사이에 대
립이 일어났어요. 평민들은 신분과 관계없는 새로운 국민의회를 만들자고 선언했
지요. 하지만 국왕인 루이 16세는 이들의 회의장을 폐쇄해 버렸어요. 제3신분 의
원들은 근처 테니스코트에서 "헌법이 제정될 때까지 해산하지 않겠다"라고 맹세
했어요. 이 대립은 한 달이나 이어졌고, 이 사건은 프랑스 혁명의 계기가 되었어요.

퀴즈 프랑스 국왕 루이 16세의 왕비(아내)는?
❶ 잔 다르크　❷ 퀴리 부인　❸ 랑부예 부인　❹ 마리 앙투아네트

정답 | ❹ 사치스럽고 낭비가 심했던 마리 앙투아네트는 프랑스 혁명으로 처형당했어요.

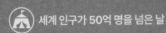 세계 인구가 50억 명을 넘은 날

7월 11일

전 세계 인구가
50억 명을 넘다

이날 지구상의 인구 합계가 50억 명을 넘었어요.
이것을 기념해서 국제연합은 7월 11일을 '세계 인구의 날'로 정했어요.

전 세계의 인구가
50억 명을 넘었어.

이제 인구 문제를 생각해야 해

50억 번째로 태어난 아기는 당시 유고슬라비아의 마테즈에요. 인구가 50억 명을 넘은 것을 기념하며 국제연합은 1990년에 이날을 '세계 인구의 날'로 정했어요. 세계 인구의 날은 인구가 늘거나 줄면서 생기는 주거지와 생활필수품 부족 등 여러 가지 문제에 관심을 기울이기 위해 만들어졌어요.

 퀴즈
'세계 인구의 날'처럼 국제연합이 정한 기념일은?
❶ 세계 화장실의 날 　　　　❷ 세계 쌀의 날
❸ 세계 초콜릿의 날 　　　　❹ 세계 술의 날

정답 | ❶ 건강과 위생을 위해 깨끗한 화장실을 많이 늘리는 것을 목표로 만든 국제 기념일이에요. 11월 19일이랍니다.

미피가 출판된 날

6월 21일

1955년
네덜란드
현대

■ 있음
□ 없음

여기쯤

미피의 첫 그림책,
세상에 나오다

귀여운 꼬마 토끼 캐릭터로 인기가 많은 미피의 첫 그림책 2권이
이날 네덜란드에서 출판되었어요.

나, 브루너가 만든 캐릭터야.

아들을 위해 만든 동화 주인공

미피는 귀엽고 인기 많은 토끼 캐릭터예요. 저자는 그림책 작가인 딕 브루너인데,
아버지에게 물려받은 출판사에서 일하면서 그림책 작가로도 활동했어요. 한 해 전
에 태어난 아들에게 들려주던 동화를 바탕으로 토끼가 주인공인 미피 그림책을 제
작했다고 해요. 지금은 전 세계 50개국 이상의 언어로 번역되어 사랑받고 있어요.

 퀴즈
★★★
미피는 네덜란드에서는 뭐라고 부를까?

❶ 나인체   ❷ 미니   ❸ 마이티   ❹ 피터

정답 | ❶ 나인체는 '작은 토끼'라는 뜻이에요.

다게르가 사망한 날

7월 10일

1851년
프랑스
근대

여기쯤

■ 있음
□ 없음

진짜 풍경을 옮겨보고 싶어!
사진 기술을 발전시킨 화가

프랑스 화가이자 사진가인 루이 자크 망데 다게르가 사진 기술을 개량했어요.
처음으로 실용적인 카메라와 사진이 태어난 거예요.

사진 찍을 거니까
꼼짝하지 말아요.

니엡스의 사진을
개량해 봤어요.

실용적인 사진 기술의 등장

실용적인 사진 기술을 만든 사람은 바로 나 다게르야. 원래 나는 극장에서 사용하는 그림을 그리던 화가야. 어느 날 극장에 걸 풍경화에 그림이 아닌 진짜 풍경을 넣을 수 없을까 고민했어. 발명가인 니엡스와 함께 연구했는데, 니엡스가 세상을 떠난 후 1839년에 '다게레오 타입'이라는 사진 기술을 만들었어.

퀴즈 ★★★ **다게르의 동료였던 니엡스가 발명한 사진의 촬영 시간은?**

❶ 5분　　❷ 20분　　❸ 1시간　　❹ 8시간

정답 | ❹ 8시간이나 걸렸기 때문에 실제 사진 촬영에는 적합하지 않았어요. 그것을 다게르가 발전시켜 20분으로 줄였어요.

지동설을 주장한 갈릴레오, 유죄 판결을 받다

지동설을 금지한 로마교황청의 재판을 받게 된 갈릴레오는
이날 종신금고형(죽을 때까지 혼자 방에 거두는 벌)의 유죄 판결을 받았어요.

지구가 태양 주위를 돈다?!

나는 갈릴레오 갈릴레이야. 16~17세기에 활약한 이탈리아의 천문학자지. 천체를 관측해서 지동설을 실제로 증명하고, 지동설을 알기 쉽게 설명한 《천문대화》라는 책을 썼어. 직접 만든 망원경으로 목성을 관측하고, 처음으로 4개의 위성도 발견했지. 그래서 '갈릴레오의 위성'이라고 불려. 그런데 결국 로마에 끌려가서 종교 재판을 받고 유죄 판결을 선고받았지 뭐야.

***
퀴즈 지동설보다 먼저 있었던 이론은?

❶ 성동설　　❷ 월동설　　❸ 천정설　　❹ 천동설

정답 l ❹ 천동설은 지구는 우주의 중심으로 움직이지 않고, 태양을 비롯한 다른 천체가 지구 주변을 돌고 있다는 가설이에요.

젬파흐 전투가 일어난 날

7월 9일

1386년

스위스

중세

■ 있음
□ 없음

여기쯤

산속 전투라면
우리가 이길 수 있어

오스트리아에 지배받던 스위스는 독립 전쟁을 이어 나갔어요.
젬파흐 전투에 이겨서 독립을 손에 넣었지요.

오스트리아의 기마병을 물리치다

당시의 스위스는 오스트리아 황제 가문인 합스부르크가의 지배를 받고 있어서 독립하기 위해 씨웠어요. 이날 스위스 산 쪽에 있는 젬파흐 마을의 좁은 길에서 스위스군은 오스트리아군을 공격했어요. 말이 다니기 어려운 산길이라 기마병을 중심으로 편성된 오스트리아군은 제대로 싸울 수 없었어요. 이 전투로 스위스는 독립할 수 있었어요.

퀴즈

스위스에서 주로 사용하는 언어는?

❶ 스위스어　　❷ 영어　　❸ 포르투갈어　　❹ 독일어

정답 | ❹ 독일어 외에 프랑스어, 이탈리아어, 러시아어도 사용해요.

네덜란드 함대가 자바에 도착한 날

6월 23일

1596년

네덜란드

근세

■ 있음
□ 없음

여기쯤

네덜란드 함대의
아시아 항로 찾기

아시아 항로를 찾아 출항한 네덜란드의 4척의 함대가
14개월의 항해 끝에 자바섬의 서부 반텐 항구에 도착했어요.

포르투갈의 방해 공작을 이겨내다

네덜란드는 모직물 공업으로 벌어들인 금으로 후추와 같은 아시아의 향신료를 사고 싶어 했어요. 하지만 그 무렵 인도와 동남아시아 무역을 독점하던 포르투갈은 네덜란드의 배가 자기 나라의 리스본 항구에 정박하는 것을 금지하는 등 방해 공작을 펼쳤어요. 그래서 이 해에 네덜란드의 탐험가 하우트만은 4척의 함대를 이끌고 인도를 목표로 텍셀 항구를 출발해 인도양을 횡단하여 14세기 후반에 자바의 서부 지역에 도착했어요.

퀴즈 네덜란드가 아시아 무역을 목적으로 만든 회사는?
❶ 네덜란드 동인도회사 ❷ 구글 ❸ 아마존 ❹ 포스코

정답 | ❶ 네덜란드 동인도회사는 영국 동인도회사가 생기고 2년 뒤에 만들어졌어요. 세계 최초의 주식회사라고 해요.

체펠린이 태어난 날

7월 8일

1838년

독일

근대

■ 있음
□ 없음

여기쯤

하늘을 자유롭게 날 수 있는 탈것이 있으면 좋겠어

열기구를 탄 페르디난트 폰 체펠린은 하늘에서 자유롭게 운전할 수 있는
탈것이 필요하다고 느껴서 군대를 그만두고 비행선을 만들었어요.

3가지 다른 그림을 찾아라!

비행기의 시작을 알린 체펠린

지금은 전 세계 하늘을 많은 비행기가 날아다니죠. 이날은 그런 비행기의 시작점
인 비행선의 제작자, 체펠린의 생일이에요. 이과 분야에 재능이 있었던 체펠린은
어른이 되자 군인으로 복무하면서 동시에 기계를 공부했어요. 전쟁에 참가한 체펠
린은 어느 날 하늘에서 땅을 둘러보려고 기구에 올라탔어요. 그때 하늘에서도 자
유롭게 운전할 수 있는 탈것을 떠올렸다고 해요. 체펠린이 만든 비행선은 속도와
크기 모두 당시의 세계 최대였어요.

정답 | ❶ 새와 태양 ❷ 왼쪽 사람의 머리 장식 ❸ 가운데 사람이 들고 있는 물건

UFO의 날의 유래가 된 날

6월 24일

1947년

미국

현대

■ 있음
□ 없음

여기쯤

저게 뭐지?!
하늘을 나는 수수께끼의 물체

어느 날 한 남자가 하늘을 나는 정체불명의 물체 9개를 확인했어요.
이것이 나중에 UFO라고 불리게 된 비행 물체예요.

3가지 다른 그림을 찾아라!

최초의 UFO 목격! 정체는 여전히 안개 속

미국의 어느 부자가 개인 비행기를 타고 하늘을 날다가 초승달 모양의 의문의 물체가 비행하는 것을 발견했어요. 이 발견으로 '미확인 비행 물체'를 'UFO'라고 부르게 되었어요. 그 후 UFO에 대한 회의가 멕시코에서 열렸는데, 이날을 기념해서 'UFO의 날'이 정해졌어요. 비행 물체를 발견한 남자의 이름을 따서 '케네스 아놀드 사건의 날'이라고도 불려요. 매년 이날에는 UFO 연구와 관측이 이루어져요.

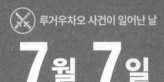 루거우차오 사건이 일어난 날

7월 7일

1937년
중화민국
현대
■ 있음
□ 없음
여기쯤

총에 맞았으니
지금부터 전쟁이다

중국에 주둔하고 있던 일본군이 누군가에게 총격을 당한 일로
일본과 중국이 본격적인 전쟁(중일전쟁)을 벌이게 되었어요.

누가 쐈어?
이제 전쟁이다!

중일전쟁의 계기가 된 사건

중국과 일본은 1937년부터 중일전쟁이라는 전투를 시작했는데, 그 계기는 루거우차오(노구교) 사건이었어요. 당시 일본은 중국에 발을 들어놓은 상태였어요. 중국 북경 마을 외곽에 루거우차오라는 다리가 있었고, 일본군이 한밤중에 그곳에서 전투 훈련을 하던 중 누군가에게 총을 맞고 쓰러졌어요. 범인은 지금도 알 수 없지만, 이 사건을 빌미로 일본이 더 많은 군사를 중국으로 보내면서 전쟁이 시작되었어요.

 퀴즈
루거우차오를 칭찬한 유럽의 유명인은?
❶ 콜럼버스　　❷ 마르코 폴로　　❸ 하비에르　　❹ 마젤란

정답 | ❷ 마르코 폴로는 《동방견문록》에서 루거우차오의 아름다움을 칭송하는 문장을 썼어요.

한국전쟁이 일어난 날

6월 25일

1950년
한반도
현대

■ 있음
□ 없음

여기쯤

한반도의 통치권을 두고 남한과 북한이 대립하다

대한민국(남한)과 조선민주주의인민공화국(북한)으로 나뉜
한반도는 이날 한반도의 통치권을 차지하기 위한 전쟁이 일어났어요.

미국와 소련의 대립 상황에서 두 나라로
편 갈라 맞붙는 전쟁이 시작되었다.

세계 유일한 분단국가

제2차 세계대전 이후 미국과 소련의 대립 속에서 한반도에는 남한과 북한이라는
두 개의 정부가 생겼어요. 이날 어느 쪽이 한반도의 땅과 사람들을 지배할 것인지
를 두고 전쟁이 났어요. 한반도의 거의 모든 지역에서 북한군·중국군과 한국군·미
군·유엔군의 격렬한 전투가 벌어졌어요. 전쟁은 1953년 7월 북위 38도선을 경계
로 휴전협정이 맺으면 끝이 났어요.

퀴즈

제2차 세계대전이 끝난 뒤 미국과 소련의 대립을 설명하는 말은?

❶ 열전　　❷ 격전　　❸ 도전　　❹ 냉전

정답 | ❹ 제2차 세계대전 이후 무력 충돌은 없었지만, 긴장 상태가 이어지고 있어 냉전(차가운 전쟁)이라고 해요.

토머스 모어가 사형당한 날

7월 6일

1535년

영국

근세

■ 있음
□ 없음

여기쯤

왕이여, 이혼은 안 됩니다
그래? 그럼 넌 사형!

잉글랜드(지금의 영국)에서 법조계의 높은 관리였던
토머스 모어는 왕의 이혼에 반대했다는 이유로 사형에 처했어요.

이혼 절대 반대!

진심으로 국왕을 섬겼는데

나는 법률가이자 사상가인 토머스 모어야. 국왕 헨리 8세는 후계자가 될 왕자가
태어나지 않자 캐서린 왕비와 이혼하려고 했어. 그런데 '로마 교회가 인정하지 않
으면 이혼할 수 없다'고 법으로 정해져 있어서 교회가 이혼을 허락하지 않으니 당
연히 나도 이혼을 반대할 수밖에 없었지. 하지만 국왕의 생각을 이해하지 못했다
면서 나더러 반역죄를 저질렀다고 추궁했고, 결국 처형되고 말았어.

퀴즈 | 토머스 모어가 다녔던 대학은?

❶ 옥스퍼드　　❷ 케임브리지　　❸ 런던　　❹ 하버드

정답 | ❶ 옥스퍼드 대학에서 고전문학 등을 배우다가 도중에 대학을 그만두고, 다른 학교에서 법률 공부를 했어요.

📖 하멜른의 피리 부는 남자 사건의 날

6월 26일

1284년
신성 로마 제국   중세

☐ 있음
■ 없음
여기쯤

피리 부는 남자와 사라진 아이들

하멜른(지금의 독일 서부)에 나타난 신비로운 피리 부는 남자는
130명이나 되는 어린이들과 함께 홀연히 사라지고 말았어요.

피리를 불어서
마을 아이들을 불러냈지!

130명의 아이들이 행방불명되다

하멜른 마을은 쥐가 늘어나 곤란을 겪고 있었어요. 그때 피리를 가진 남자가 나타나 "쥐를 퇴치하면 돈을 주시오"라고 했어요. 남자는 피리 소리로 쥐를 유인해서 퇴치했지만, 마을 사람들은 돈을 지불하지 않았어요. 다시 나타난 남자는 피리를 불어서 130명의 아이들을 불러냈고, 산속 동굴로 들어가 돌아오지 않았어요.

 퀴즈 하멜른의 피리 부는 남자 이야기가 쓰인 동화는?

❶ 그림 동화   ❷ 안데르센 동화   ❸ 이솝 동화   ❹ 한국 전래 동화

정답 | ❶ 그림 형제가 쓴 독일 전설집에 실려 있어요.

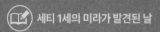 세티 1세의 미라가 발견된 날

7월 5일

제2대 파라오,
이집트 왕의 미라가 발견되다

여러 고대 왕의 무덤이 한데 모인 '왕들의 계곡'에서 왕의 미라가 발견되었어요.
미라의 상태가 아주 좋아서 지금도 박물관에 전시되어 있어요.

찾았다!

윽, 들켰다!

탐험가도 좀처럼 찾지 못한 세티 1세의 미라

유명한 탐험가들이 세티 1세의 미라를 찾아 헤맸지만 쉽게 발견할 수 없었어요. 하지만 이날 마침내 세티 1세의 미라가 세상에 모습을 드러냈어요. 미라는 매우 좋은 상태여서 왕의 얼굴 생김새까지 분명히 알아볼 수 있을 정도였답니다. 지금은 이집트 수도인 카이로의 박물관에서 보존하고 있어요.

 퀴즈

고대 이집트에서 미라를 만든 이유는?

❶ 다시 살아나기 위해   ❷ 예술을 위해
❸ 판매하기 위해   ❹ 몬스터를 쓰러뜨리기 위해

정답 | ❶ 죽은 사람이 되살아날 때 육체가 필요하다고 생각했기 때문에 시신을 미라로 만들어 남겼어요.

6월 27일

장애를 극복한
기적의 소녀 헬렌 켈러

어릴 적 시력과 청력을 잃은 '기적의 소녀' 헬렌 켈러는
장애 때문에 거의 말을 할 수 없었어요. 헬렌은 손으로 물을 만지며
언어와 사물의 관계를 깨우쳤고, 존재마다 이름이 있다는 사실을 알게 되었어요.

처음에는 짜증냈지만,
선생님 덕분에 장애를 극복할 수 있었어.

세계를 여행하며 사회복지에 힘쓰다

나는 헬렌 켈러야. 어릴 적에 높은 열에 시달려서 시력과 청력을 잃고 말았어. 하지만 가정교사였던 앤 설리번 선생님의 교육을 받으면서 점점 말을 이해하게 되었고, 장애를 극복했어. 세계를 여행하며 여러 장애가 있는 사람들을 위해 복지 활동을 펼쳤지.

 퀴즈 헬렌 켈러가 우리나라에 방문했을 때 사 간 것은?

① 연필　　　② 가방　　　③ 책상　　　④ 옷

정답 | ③ 일제강점기 시절 우리나라에 방문해 책상을 사 갔다는 기록이 있어요.

1776년

미국

근대

여기쯤

■ 있음
□ 없음

미국은 영국에게서
독립하겠습니다

영국의 식민지였던 미국은 독립을 쟁취하기 위한 전쟁을 시작했어요.
그 전쟁 중에 영국으로부터의 독립선언을 발표한 이날이 독립기념일이 되었어요.

내가 왼손에 들고 있는 것이
바로 미국의 독립선언서야.

무거운 세금에 분노하여 독립을 외치다

일찍이 아메리카 대륙에는 원주민이 살고 있었지만, 뒤늦게 찾아온 영국인이 식민지로 삼아버렸어요. 영국은 프랑스와 전쟁하느라 돈이 바닥나자 미국에서 세금을 더 많이 걷으려고 했어요. 화가 난 미국과 영국의 갈등이 깊어지면서 1775년에 독립 전쟁이 시작되었어요. 다음 해인 이날에 미국은 독립선언을 공개했고, 1781년에 전쟁에서 이겼어요.

퀴즈 전쟁 전에 미국 사람들이 바다에 던져버린 영국 상품은?

❶ 위스키 ❷ 홍차 ❸ 보석 ❹ 석탄

정답 | ❷ 영국이 세금을 많이 내라고 하자 화가 나서 영국 선박에 쌓인 홍차를 바다에 던져버렸어요.

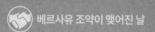 베르사유 조약이 맺어진 날

6월 28일

1919년
프랑스
현대

■ 있음
□ 없음

여기쯤

독일과 연합군 사이에 맺은
베르사유 조약

제1차 세계대전 후 독일과 연합군 사이에 맺어진 베르사유 조약은
독일이 해외 식민지를 모두 잃는 등 독일에 무거운 부담이 되는 내용이었어요.

아무리 전쟁에서 졌지만
'영토 처분', '군비 제한', '배상금' 모두 무거운 부담이야.

당분들~
인정해과~

잘못했으니 모두 책임져

이날 프랑스의 베르사유에서 제1차 세계대전의 패전국인 독일과 연합국(영국, 프랑스, 러시아 등)이 강화 조약을 맺었어요. 바로 '베르사유 조약'이에요. 독일은 모든 식민지를 잃고 막대한 배상금(자기가 준 피해를 사죄하기 위해 내는 돈)을 부담하는 등 무거운 부담을 감당하라는 내용이었어요. 독일이 잃은 영토 대부분은 영국과 프랑스가 가져갔고, 독일은 커다란 불만을 품었어요.

 ★★★
퀴즈
나중에 베르사유 체제 붕괴를 내세우며 등장한 독일의 정당은?

❶ 나치　　❷ 민주당　　❸ 공화당　　❹ 보수당

정답 | ❶ 나치는 독일만 군사시설 등을 늘릴 수 없는 제약이 불공평하다면서 국제연맹에서 빠지고 힘을 갖추어 갔어요.

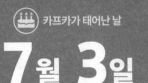
카프카가 태어난 날

7월 3일

1883년
체코
근대

■ 있음
□ 없음

여기풀

세상을 떠난 다음에서야 알려진 작가

소설가 프란츠 카프카는 지금의 체코에서 태어났어요. 살아있는 동안에는 아무도 몰랐지만, 세상을 떠난 뒤에 작품이 높게 평가받으면서 유명해졌어요.

이거다!
주인공이 벌레로
변신하면 어떨까?

유명해진 것은 친구 덕분?!

나는 보험회사에 다니면서 소설을 쓰고 발표했어. 하지만 팔리지 않는 인기 없는 작가였지. 34살에 병에 걸려서 죽기 전에 친구에게 "내 소설은 모두 태워주게나"라고 부탁했는데, 친구가 그 약속을 지키지 않은 덕분에 지금도 전 세계가 알아주는 작품을 남기게 되었어. 남자가 눈을 뜨자 커다란 벌레로 변해버린 내용의 담긴 《변신》 등 독특한 소설을 많이 썼어.

퀴즈 | 카프카의 소설 제목은?

❶ 《이상한 예술가》　　　　❷ 《폭력 예술가》
❸ 《단식 광대》　　　　　　❹ 《시골 예술가》

정답 | ❸ 철창 안에 갇혀 40일 동안 단식하는 모습을 선보이는 서커스 단원의 이야기를 썼어요.

6월 29일

셰익스피어 극단의 글로브 극장이 몽땅 타버리다니

런던의 유명한 글로브 극장은 상연하던 중 쏜 무대용 대포에
불이 붙어서 극장이 모두 타버리고 말았어요.

내 작품을 상연하던 극장이었는데, 잿더미가 되다니.

글로브 극장, 14년 만에 사라지다

런던의 글로브 극장은 셰익스피어가 활동했던 곳이에요. 이날 셰익스피어의 《헨
리 8세》를 상연하다가 무대용 대포를 발사했는데, 지붕에 불이 튀면서 불이 나고
말았어요. 다행히 관객 피해는 없었지만, 1시간도 지나지 않은 사이에 건물이 폭삭
무너지고 말았어요. 다음 해에 타일 지붕을 얹은 새로운 글로브 극장으로 재건되
었어요.

퀴즈 　글로브 극장의 '글로브'는 무슨 뜻일까?

❶ 태양　　　❷ 달　　　❸ 지구　　　❹ 화성

정답 | ❸ 겨우 재건된 글로브 극장은 1644년에 철거되었지만, 1997년에 다시 복원되었어요.

루소가 사망한 날

7월 2일

1778년
프랑스
근대

여기쯤
■ 있음
□ 없음

많은 사람에게
영향을 준 사상가 루소

사는 방식과 사회 문제를 연구한 사상가 장 자크 루소는
프랑스 혁명과 민주주의 등에 커다란 영향을 미쳤어요.

사람들이 행복하게
살 수 있는 사회 구조를
만들어야 한다!

퍽!

자유와 평등이 실현되는 사회를 위해

갓난아기일 적에 어머니가 돌아가시고, 아버지도 형도 세상을 떠났지만, 루소는
불행 속에서도 좌절하지 않고 열심히 공부해 인간의 자유와 평등에 대해서 생각하
는 사상가가 되었어요. 루소의 생각은 '인간은 자유로운 존재로 태어나지만, 사회
때문에 자유롭게 살지 못한다', '자유는 인간을 더 나은 존재로 만들지만, 사회는 인
간을 나쁘게 만든다'라는 것이었어요. 이러한 생각은 많은 사람들에게 영향을 주
었어요.

퀴즈 작곡가이기도 한 루소가 만든 노래는?

❶ 나비　　❷ 튤립　　❸ 코끼리　　❹ 주먹 쥐고 손을 펴고

정답 | ❹ 원래는 오페라에 사용된 곡으로, 찬미가와 군가가 되기도 했어요.

특수 상대성 이론이 발표된 날

6월 30일

1905년 ——
독일
현대

■ 있음
□ 없음

여기쯤

아인슈타인이
상대성 이론을 발표하다

이날 아인슈타인의 '특수 상대성 이론'에 관한 논문이 과학 잡지에 접수되었어요.
1905년은 아인슈타인이 2편의 논문을 더 발표해서 '기적의 해'라고 불려요.

빛의 속도는
변하지 않지만
시간과 공간은
늘어나거나 줄어든다.

노벨 물리학상을 받은
천재 물리학자

나는 알베르트 아인슈타인, 천재라고 불
리는 물리학자야. 이날 '특수 상대성 이
론'에 대한 논문을 유명한 과학 잡지 《물
리학연보》에 제출했어. 1915년에는 중
력 문제도 포함해서 더욱 응용 범위가 넓
어진 '일반 상대성 이론'을 완성해 노벨
물리학상을 받았어.

★★★
퀴즈 한 때 아인슈타인이 일했던 곳은?

❶ 운송회사   ❷ 전기회사   ❸ 스위스 특허청   ❹ IT기업

정답 | ❸ 아인슈타인은 스위치 특허청에서 일하면서 대학교수로도 강의했어요.

🏕 세인트루이스 올림픽이 개최된 날

7월 1일

1904년 ─────
미국
현대
여기쯤
■ 있음
□ 없음

꼭 세인트루이스에서 해야 해!
대통령의 고집으로 변경된 올림픽

미국의 루스벨트 대통령이 강하게 밀어붙여서 원래 시카고에서
열릴 예정이었던 제3회 올림픽이 세인트루이스에서 진행됐어요.

마라톤 경기에 차량을 이용한 선수가 있다?!

이날 미국의 세인트루이스에서 제3회 올림픽이 열렸어요. 민족끼리 참여하는 경기도 준비되어서 다양한 민족이 참가했어요. 하지만 이 시기는 전쟁의 영향으로 세계가 긴장 상태였기 때문에 참가선수는 물론 메달을 딴 선수도 대부분 미국인이었어요. 그런데 마라톤에서 금메달을 딴 미국 선수가 도중에 자동차를 이용해 실격 처리되었어요. 민족 대항 구기 대회도 진행됐는데, 민족으로 경기 참여를 구분하는 것은 차별이라는 문제가 제기되었어요.

퀴즈 | 이 대회에서 미국이 차지한 금메달의 개수는?

❶ 60개 ❷ 82개 ❸ 78개

정답 | ❸ 미국은 230개 이상의 메달을 획득했어요.

한눈에 보는 세계사

- 중세 편 -

활판 인쇄의 등장으로 새로운 세계의 문을 열다

책의 역사는 '많은 사람이 성서를 읽으면 좋겠다'라는 한 남자의 강한 의지에서 시작되었어요. 그 남자의 이름은 요하네스 구텐베르크. 그는 인쇄와 관련된 일을 하면서 활판 인쇄술을 발명했어요. 활판이란 글자를 반대 방향으로 뒤집은 금속 도장을 배열해서 만든 판을 말해요. 활판 인쇄는 이 활판을 이용해서 인쇄하는 기술이에요. 구텐베르크가 노력한 결과로 종교와 산업 등 대부분의 분야에서 이 기술이 유용하게 쓰였다고 해요. 르네상스의 3대 발명(활판 인쇄, 나침반(방위 자석), 화약) 중 하나로 꼽혀요.

7월

1일 세인트루이스 올림픽이 개최된 날
2일 루소가 사망한 날
3일 카프카가 태어난 날
4일 독립선언이 발표된 날
5일 세티 1세의 미라가 발견된 날
6일 토머스 모어가 사형당한 날
7일 루거우차오 사건이 일어난 날
8일 체펠린이 태어난 날
9일 젬파흐 전투가 일어난 날
10일 다게르가 사망한 날
11일 세계 인구가 50억 명을 넘은 날
12일 칼마르 동맹이 성립된 날
13일 제1회 축구 월드컵이 열린 날
14일 프랑스 혁명이 시작된 날
15일 로제타스톤이 발견된 날
16일 세계 최초의 원자폭탄 실험이 실행된 날
17일 영락제가 명의 황제가 된 날
18일 제네바 사거두회담이 진행된 날
19일 드가가 태어난 날
20일 인류가 처음으로 달 표면을 걸은 날
21일 피라미드의 전투가 일어난 날
22일 멘델이 세례를 받은 날
23일 디트로이트 폭동이 일어난 날
24일 마추픽추 유적이 발견된 날
25일 고려가 건국된 날
26일 포츠담 선언이 발표된 날
27일 돌턴이 사망한 날
28일 칠월 혁명이 일어난 날
29일 무솔리니가 태어난 날
30일 포드가 태어난 날
31일 무적함대가 영국과 싸운 날

하루 한 페이지! 우리 아이 역사 공부 습관 기르기

초등 세계사 일력 365

이와타 슈젠 감수 · TOA 그림 · 허영은 옮김

로그인

들어가며

여러분은 과거의 오늘에는 무슨 일이 일어났는지 궁금한 적이 있나요? 1년 전 오늘, 10년 전 오늘, 그보다 훨씬 옛날인 100년이나 1,000년 전에도 오늘이 있었어요. 그날은 어떤 하루였을까요? 만약 역사적인 사건이 일어났다면 무슨 사건이었는지 자세히 알고 싶지 않나요?

이 책은 세계에서 일어난 수많은 사건을 1월부터 12월까지 날짜 순서에 따라 소개해요. 지금 이 책을 읽는 여러분의 오늘은 평소와 다름없이 즐겁고 평화로운 나날 중 하루일 거예요. 하지만 책 속에 등장하는 '오늘'은 누군가 혹은 어느 나라의 운명이 결정된 날이거나, 여러분이 좋아하는 음식과 물건이 발견되거나 발명된 날일 수도 있어요.

세계사는 달달 외워야 하는 공부가 아니에요. 마음 가는 대로 즐겁게 알아가는 지식이에요. 나와 가족, 친구의 생일처럼 여러분과 관련 깊은 날부터 읽는 것도 책을 즐기는 방법이 될 거예요.

이 책이 "세계사는 내가 최고지!"라고 자신 있게 외칠 수 있을 만큼 세계 역사에 깊은 관심을 갖는 계기가 되면 좋겠어요.

자, 그럼 지금부터 세계를 모험해 보아요!

이와타 슈젠

초등 세계사 일력 365

초판 1쇄 발행일 2025년 1월 10일

감수자 이와타 슈젠
그림 TOA
옮긴이 허영은
펴낸이 유성권

편집장 윤경선
책임편집 김효선   **편집** 조아윤
홍보 윤소담   **디자인** 박채원
마케팅 김선우 강성 최성환 박혜민 김현지
제작 장재균   **물류** 김성훈 강동훈

펴낸곳 ㈜이퍼블릭
출판등록 1970년 7월 28일, 제1-170호
주소 서울시 양천구 목동서로 211 범문빌딩 (07995)
대표전화 02-2653-5131   **팩스** 02-2653-2455
메일 loginbook@epublic.co.kr
포스트 post.naver.com/epubliclogin
홈페이지 www.loginbook.com
인스타그램 @book_login

- 이 책은 저작권법으로 보호받는 저작물이므로 무단 전재와 복제를 금지하며, 이 책 내용의 전부 또는 일부를 이용하려면 반드시 저작권자와 ㈜이퍼블릭의 서면 동의를 받아야 합니다.
- 잘못된 책은 구입처에서 교환해 드립니다.
- 책값과 ISBN은 표지에 있습니다.

로그인 은 ㈜이퍼블릭의 어학·자녀교육·실용 브랜드입니다.